“核”我探秘

——我们身边的核科学技术

中国核学会 编著

中国原子能出版社
China Atomic Energy Press

图书在版编目（CIP）数据

“核”我探秘 ：我们身边的核科学技术 / 中国核学会编著. - 北京 ：中国原子能出版社，2015.7（2017.8重印）
ISBN 978-7-5022-6773-5

Ⅰ. ①核… Ⅱ. ①中… Ⅲ. ①核技术－普及读物
Ⅳ. ①TL-49

中国版本图书馆CIP数据核字(2015)第162812号

“核”我探秘——我们身边的核科学技术

出版发行　中国原子能出版社（北京市海淀区阜成路43号 100048）
责任编辑　付　真
文字编辑　陈晓鹏
装帧设计　杜小坤　赵　杰
技术编辑　潘玉玲
印　　刷　北京卓诚恒信彩色印刷有限公司
经　　销　全国新华书店
开　　本　710 mm×1000 mm 1/16
印　　张　10
字　　数　200 千字
版　　次　2015年7月第1版　　2017年8月第2次印刷
书　　号　ISBN 978-7-5022-6773-5　定　价：46.00元

订购电话：010-68452845　

编 委 会

主　编：李冠兴

副主编：申立新　陈晓鹏

编　委：（按姓氏笔画排序）

王　笑　王义伟　田　鹏　龙金晶

张一鸣　李　涛　李　博　胡　滨

秦子淇　耿庆云　唐　罡

前 言

核科学技术的出现、发展和应用是人类科技史上取得的重大成就和辉煌篇章，给世界文明进程带来了多方面、深刻而长远的、战略性的影响。1896年，法国物理学家贝可勒尔发现放射性；1898年，著名物理学家玛丽·居里和她的丈夫皮埃尔·居里发现了两种新的放射性元素“钋”和“镭”；1932年，英国物理学家查德威克发现中子，使人们对原子核的组成建立了正确的认识，也为人工改变原子核提供了有效的手段；1938年，德国化学家奥托·哈恩等发现了铀核的裂变现象；1942年，以费米为首的一批科学家在美国建成世界第一座“人工核反应堆”，实现了可控、自持的铀核裂变链式反应；1945年，美国爆炸了世界第一颗原子弹；1954年，苏联建成了世界第一座试验核电站；1955年，美国建造了世界第一艘核潜艇。近一个世纪以来，核科学技术方面的一系列重大发现、发明和发展，极大地提高了人们认识世界、改造世界的能力，对军事、经济、社会生活等众多领域产生了革命性的影响，生动地体现了科学技术作为第一生产力的重要作用。

2015年，中国核工业创建六十周年，习近平总书记指出，核工业是高科技战略产业，是国家安全的重要基石。要坚持安全发展、创新发展，坚持和平利用核能，全面提升核工业的核心竞争力，续写我国核工业新的辉煌篇章。六十年来，在党中央的领导下，我国核科学技术突飞猛进，依靠自力更生相继研制成功原子弹、氢弹、核潜艇；自主设计和建造了我国第一座核电站；在以放射性同位素与辐射技术为代表的核技术应用方面取得了重要的成就；建立了世界上只有少数国家拥有的完整的核科技工业体系，实现了核能大规模和平利用，为国家经济社会发展、增强国家综合实力、保障国家能源安全、提高人民生活水平作出了积极贡献。

为纪念中国核工业创建六十周年，重点展示核科学技术的发现、发展和应用，特编辑出版《“核”我探秘——我们身边的核科学技术》一书。相信本书的出版将会进一步吸引更多的社会公众热爱核科学事业、关注核科学事业，支持核科学事业的发展，为满足当前核科普宣传的需要做出一份贡献。

对为编辑本书付出辛勤劳动的各位同仁,在此一并表示衷心的感谢!

中国核学会理事长

中国工程院院士

李冠兴

目录 CONTENTS

目录 CONTENTS

第一章 叩开核世界的大门

自远古时代开始，人类就对周围世界充满了好奇心，并在探索世界组成物质的历程中不断前进。从古希腊的留基伯和德谟克利特，到19世纪的道尔顿，再到伦琴、贝可勒尔、汤姆逊、卢瑟福，在一批批科学家的不懈努力下，神秘的原子世界被揭示在世人面前。人类不仅认识了原子和分子，还发现了质子、中子、电子等丰富多彩的微观粒子，并揭示了原子世界中蕴含的巨大能量。

1942年，在美国芝加哥大学的网球厅，随着控制棒的缓缓提起，世界上第一座有净能量输出的可控核裂变反应堆启动，人类从此跨入利用核能的时代。

1. 原子学说的起源

德谟克利特

原子能是人类历史上一项伟大发现，但人类对原子的认识，经历了漫长的过程。

公元前5世纪古希腊的哲学家留基伯及其学生德谟克利特曾经提出过类似原子论的学说。德谟克利特认为：宇宙万物都是由称作“原子”的微粒组成的。后来，伊壁鸠鲁和卢克莱修对留基伯和德谟克利特的思想加以补充，认为原子重量不同，并有直线和斜线运动。

约翰·道尔顿

19世纪初，化学家约翰·道尔顿成为现代意义下使用“原子”一词的第一人，他认为，不同元素是不同的原子组成的，原子不可再分，各种原子按整数比组成物质。他用一种图示描述各种元素。

1811年，阿伏加德罗在盖·吕萨克研究化学反应前后的气体体积比例的成果基础上，提出分子概念。

阿伏加德罗

19世纪末20世纪初，一系列反映原子存在及其微观结构的基础科学发现，使原子理论不断完善。

1981年格尔德·宾宁及海因里希·罗雷尔发明扫描隧道显微镜，使人们可以“看到”并移动单个原子。二人于1986年分享诺贝尔物理学奖。

2. 元素周期律

随着越来越多的化学元素被确认，各种元素五花八门的化学性质使人们像走进了一座迷宫。科学家们努力从各种元素看似毫无头绪的化学性质中寻找规律性。

1869年，俄国化学家门捷列夫经过大量研究，总结发表了元素性质和元素原子量之间的周期性变化规律，并给出了第一张元素周期表。在这张元素周期表中，门捷列夫不但将当时已知的全部63种元素列入其中，修正了部分元素的原子量测定错误，而且在表中留下了一些空位，并预言了空位中还未发现的元素“类铝”“类硅”和“类硼”。

门捷列夫

元素周期表发表之初，并未得到科学界的重视，但不久后，门捷列夫对新元素的预言被一一证实。1875年，法国科学家布瓦博德朗发现了元素镓，门捷列夫对元素“类铝”的预言得到证实；1879年，瑞典化学家尼尔逊发现了元素钪，门捷列夫对元素“类硼”的预言得到证实；1885年，德国分析化学家温克勒发现了元素锗，门捷列夫对元素“类硅”的预言得到证实。

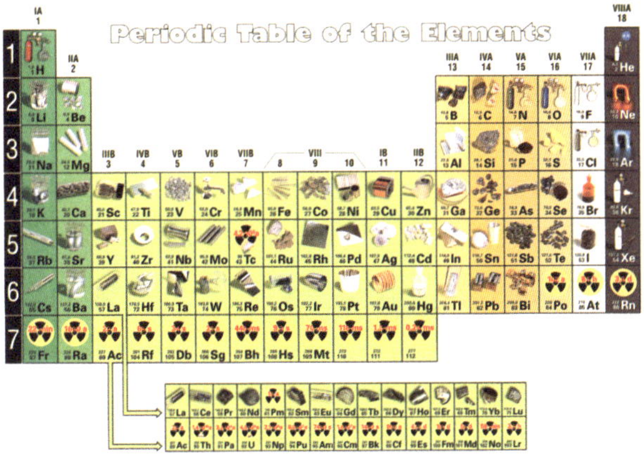

元素周期表

元素周期律彻底打破了原本元素间彼此孤立的关系，后人在实践中不断完善元素周期律，发现真正主导元素化学性质周期性变化的其实是元素的原子序数，即原子核的正电荷数量，而不是原子量。

此后，越来越多的新元素被发现，远远超过了门捷列夫的预见范围。人们从元素周期律出发，找到了利用原子能的钥匙，并实现人造元素的合成。

为纪念门捷列夫，第101号元素被命名为钔（Md）。

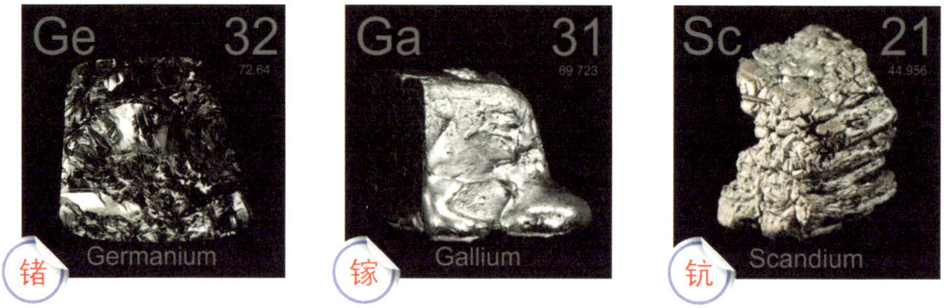

门捷列夫成功预言的元素

3. 发现放射性

贝克勒尔

1894年，法国物理学家贝可勒尔认为，发出荧光的物体能够发出X射线。为了验证自己的观点，他进行了实验。他把感光底片用黑纸包起来，和荧光物质铀盐一起在太阳光下照射，结果黑纸里的底片感光了，由于阳光和荧光都不能穿透黑纸，所以贝可勒尔认为铀盐在阳光照射下发出荧光的同时发出了X射线，使底片感光。

然而，一次连阴天使贝可勒尔意外发现自己之前的理解是错误的。1896年2月，由于连续阴天，贝可勒尔无法进行太阳下的实验，便把铀盐和黑纸包着的底片放入抽屉，几天后，他发现抽屉里放在铀盐附近的底片曝光了。这说明，即使没有太阳光使铀盐发出荧光，铀盐仍会持续放出不可见且穿透力很强的射线。经过进一步实验，贝可勒尔发现，只要有铀元素存在，就会释放这种射线。放射性现象因此被发现。

因发现放射性，1903年，贝可勒尔与皮埃尔·居里和玛丽·居里夫妇共同获得诺贝尔物理学奖。科学界为了表彰他的杰出贡献，将放射性物质的射线定名为“贝可勒尔射线。”

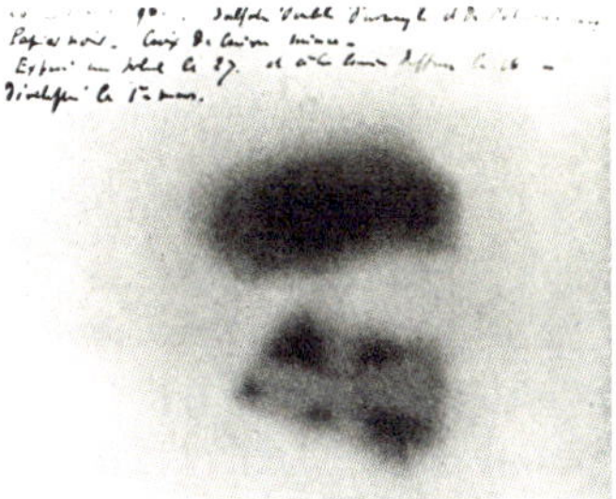

贝克勒尔的第一张辐射照片

最早被认识具有放射性的物质——铀

4. 居里夫人

贝可勒尔在铀元素中发现放射性以后，皮埃尔·居里和玛丽·居里夫妇进行了进一步研究，并首创“放射性”一词。

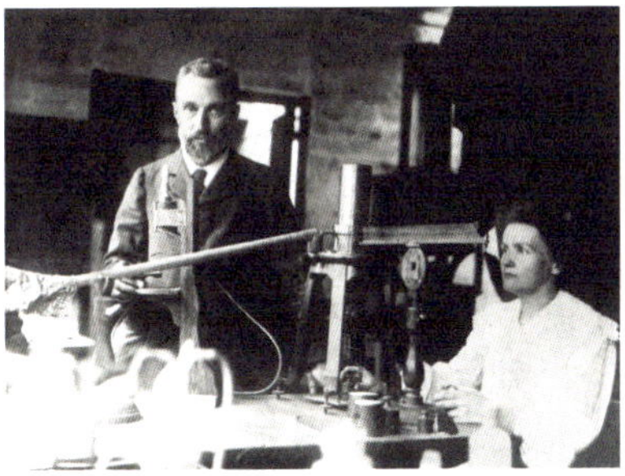

居里夫人在实验室工作

在接下来的研究中，居里夫人发现沥青铀矿中的放射性超过了预期水平，说明里面存在比铀放射性更强的其他元素，他们为这种还未被真正发现的元素预先命名为“镭”，并开始了寻找镭的漫长过程。

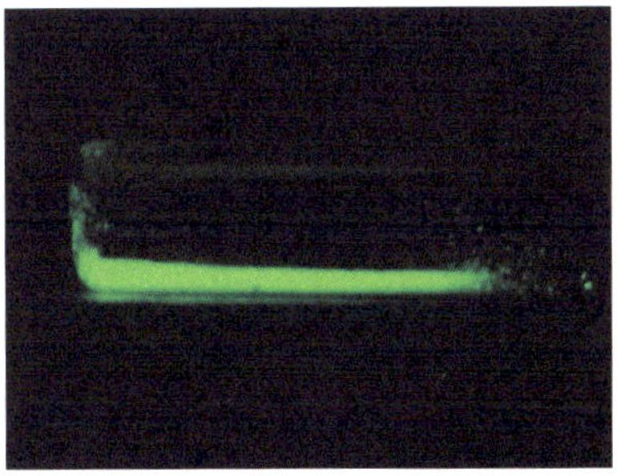

用长曝光摄影可以拍摄到镭在暗处发出的光芒

经过对沥青铀矿的提炼，1898年7月18日，居里夫妇又从中发现了一种比铀放射性强400倍的新元素，并以居里夫人的祖国波兰为其命名为“钋”，但是，钋还不是他们要寻找的强放射性元素镭。

抗静电刷内部的金属箔片上含有少量钋

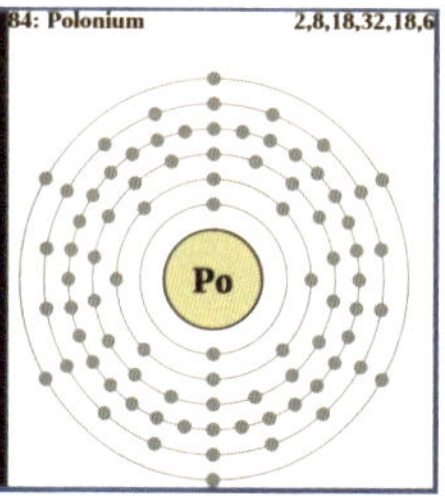

钋原子的核外电子层

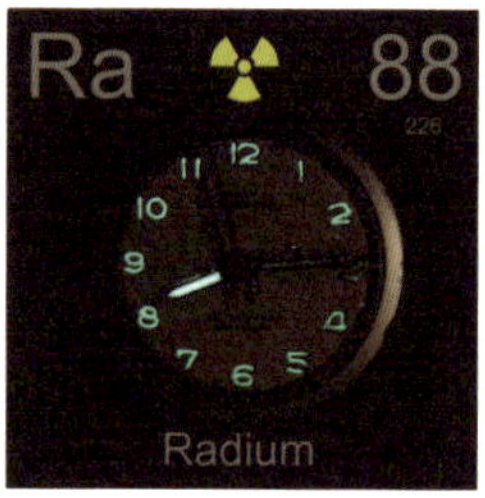

涂有镭的发光表在加工过程中，女工由于需要用舌头接触涂镭的毛笔而患辐射疾病，这导致了现代劳动法的制定

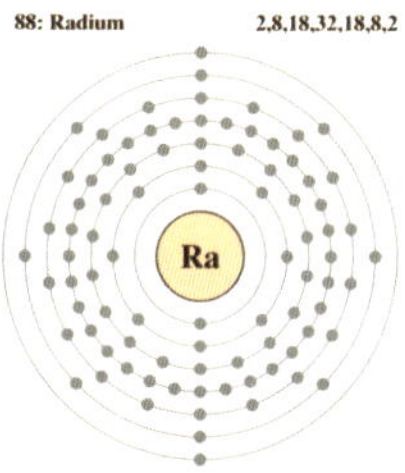

镭原子的核外电子层

居里夫妇和女儿

同年12月26日，居里夫妇终于在沥青中提炼出“镭”，这种元素散发着萤火虫般的光芒。最初测定镭的放射性是铀的900倍，次年改为7500倍，不久又更正为10万倍，三年后，经过提纯，终于测定出镭有着比铀高200万倍的强烈放射性。

新放射性元素的发现，大大加快了人类研究放射现象的步伐。1911年，居里夫人因两次发现新元素再获诺贝尔化学奖。第96号元素锔（Cm）以居里夫人的名字命名。

波兰发行的纪念居里夫人获诺贝尔化学奖100周年纪念钞

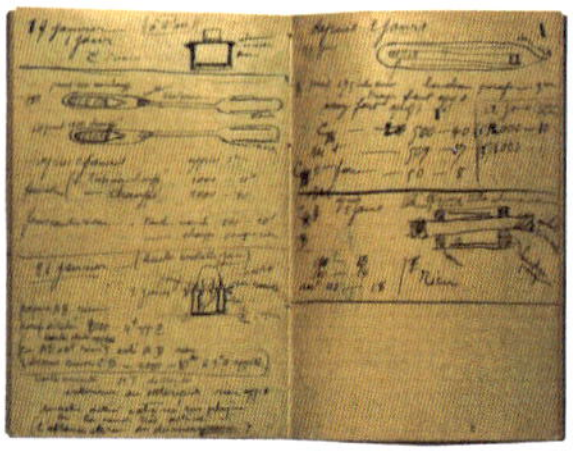

居里夫人的笔记本

5. 原子结构

汤姆逊

从古希腊学者留基伯和德谟克利特，到现代原子论之父道尔顿，都认为原子是不可再分的，随着科学探索的步伐不断迈进，人们逐渐认识了原子的内部结构。

（1）电子的发现

1897年，英国物理学家汤姆逊用实验证明，阴极射线在电场和磁场作用下均可发生偏转，其偏转方式与带负电的粒子相同，这表明，阴极射线其实是一种带负电的粒子流，汤姆逊将其命名为电子，指出它是原子的组成部分，原子可以再分。汤姆逊据此提出原子的“梅子布丁模型”。

（2）对放射线的研究

1897年，卢瑟福和他的老师汤姆逊通过在磁场中研究铀的放射线偏转，发现铀的放射线有的带正电，有的带负电，他将它们称为α射线和β射线。β射线后来被发现就是电子束，维拉德在卢瑟福的发现不久后发现了电中性辐射γ射线。

（3）原子核的发现

1909年，卢瑟福在指导学生马斯登用α粒子（后来证明是氦原子核）轰击金箔时发现，绝大部分α粒子直接穿过金箔，也有极少数α粒子以很大角度反弹回来，这表明金原子内部有一个非常坚实的核心，卢瑟福因此推翻汤姆逊的模型，提出原子的行星模型。

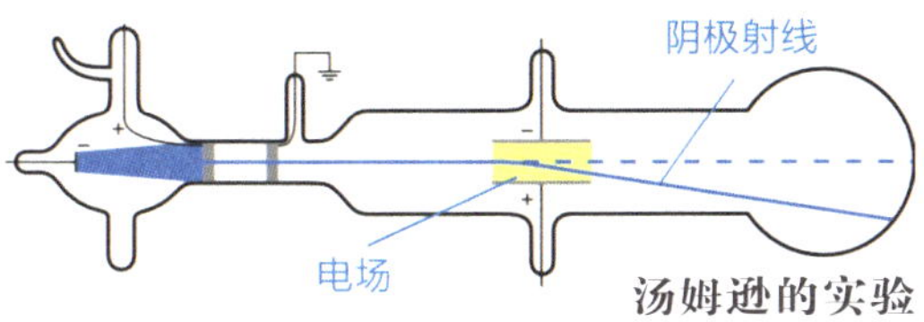

汤姆逊的实验

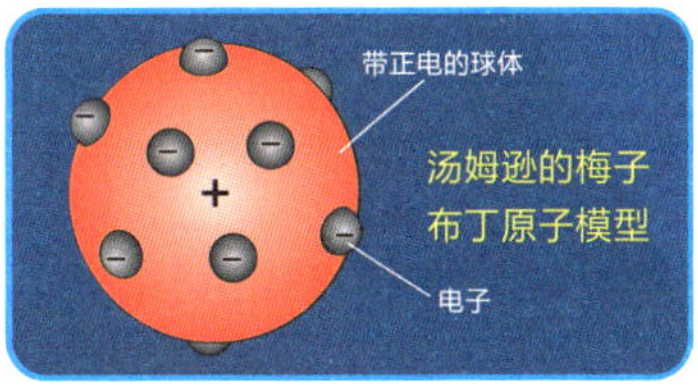

（4）质子的发现

卢瑟福

1914年，卢瑟福用阴极射线轰击氢，结果使氢原子的电子被打掉了，变成了带正电的阳离子（氢原子核，即质子），卢瑟福推测，这个带正电的阳离子是正电荷的单元，并将其命名为“质子”。1919年，卢瑟福用高能α粒子轰击氮原子，结果有质子被打出，氮嬗变成氧。此后，多种元素中都被发现类似情况。1924年，帕特里克·布莱克特用云室记录下氮气嬗变放出的质子，补充了卢瑟福的实验。

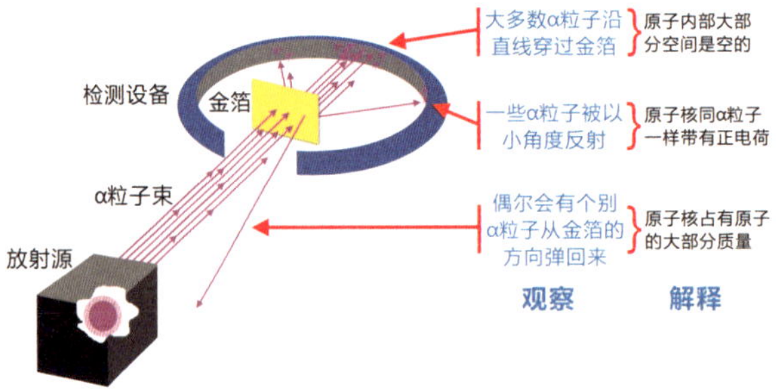

卢瑟福的α粒子散射实验

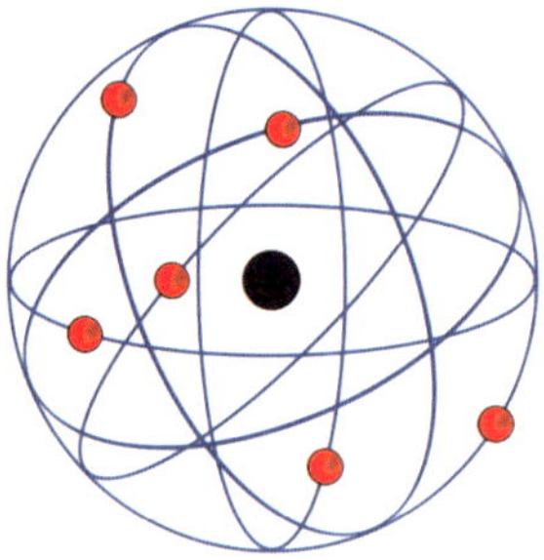

卢瑟福的行星原子模型

（5）中子的发现

卢瑟福发现质子后，其学生莫塞莱发现，原子内质子质量的总和要小于原子核的质量，卢瑟福因此在1920年预言原子核内还有一种电中性的粒子存在。1921年，美国化学家哈金斯将这种粒子命名为“中子”。德国物理学家波特及其学生贝克尔用α粒子轰击铍原子，发现一种电中性射线，并认为是γ射线。1932年，法国的约里奥·居里夫妇也做了类似实验并得出相同结论。同年，卢瑟福的学生查德威克经过实验和计算，指出这种电中性射线不是γ射线，而是中子。中子由此被发现。查德威克因此获得1935年诺贝尔物理学奖。

6. 衰变——从弹指一挥到天荒地老

（1）什么是衰变？

放射性核素是不稳定的，原子核会自己释放出粒子，并变成另一种元素，这种现象就是衰变。

（2）衰变过程中产生了什么？

1897年，卢瑟福和汤姆逊在研究铀的放射性时发现，衰变的主要产物包括三种，并分别用希腊字母表的前三个字母命名为：α射线、β射线和γ射线。相应地，衰变的类型也被分为α衰变和β衰变。

α射线是氦原子核，带有两个质子和两个中子。当发生α衰变时，原来的原子核失去了这两个质子和两个中子，原子量减少了4，变成了元素周期表中向前数两位的新元素。

β射线是电子，带有一个负电荷。当发生β衰变时，原来的原子核放出这个带负电荷电子的同时自身增加了一个正电荷，原子量没有变，

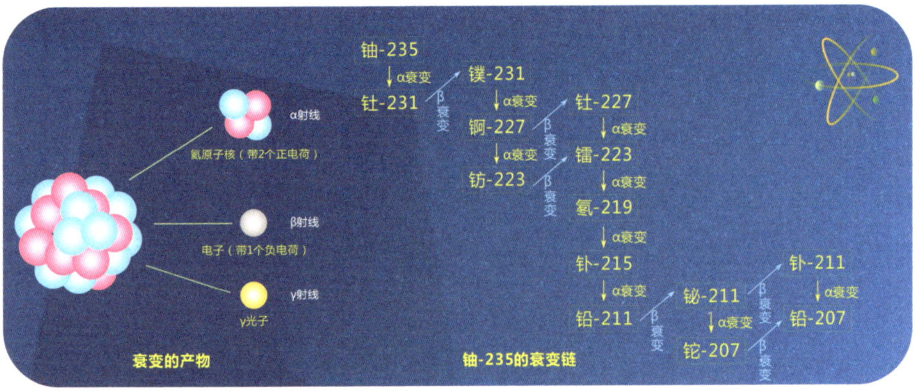

衰变的产物

铀-235的衰变链

但元素变成了周期表中向后数一位的新元素。

γ射线实际上是一种电磁波，在α衰变和β衰变的过程中，经常伴随着γ射线的辐射。

（3）什么是半衰期?

随着α射线和β射线的放出，原来的放射性核素不断变成其他元素，自身的数量也相应减少。每隔一段固定的时间，放射性核素的数量就会衰减为原来的一半，这段固定的时间就是"半衰期"。不同核素的半衰期是不一样的，例如，氮-16半衰期只有7.13秒，而钾-40半衰期有13亿年。

7. 质能转换理论

（1）爱因斯坦做了什么?

工作中的爱因斯坦

其实，早在爱因斯坦之前，科学家已经在对放射性的研究中，发现核反应会放出能量，但人们还不确定这种能量到底有多大。1905年，爱因斯坦在基于狭义相对论的研究基础上，提出公式$E=mc^2$，其中，m代表质量、c代表光速（3×10^8米/秒），E代表能量，此公式称为质能转换公式。公式定量地揭示了原子能可能存在的巨大威力。在当时，这种巨大的能量还仅存在于理论中，几乎没有人相信能够在技术上利用它，但核裂变和链式反应的发现使核能利用成为现实。

（2）质能转换公式告诉我们什么?

在经典力学中，质量和速度之间是彼此独立的，但根据狭义相对论，一个静止不动的物体具有的质量是静止质量，当物体运动时，质量也会相应增加，当接近光速时，质量会增加到无限大，因此任何有质量的物体都不可能增加到光速。

质量与能量的关系

对于一个静止不动的物体，其内部的微观粒子仍具有动能和相互作用的能量，因此静止的物体的质量实际上也是能量的一种体现，在核反应中，粒子发生转化，粒子的静质量发生变化，变化的部分就变成能量释放出来。

（3）能量守恒定律和质量守恒定律还适用吗？

在化学反应和经典力学的机械运动中，物体遵从能量守恒和质量守恒定律。而在高速运动或粒子转化过程中，却伴随着能量和质量的变化，似乎定律不再适用了。其实，按照质能公式，质量和能量是等效的，因此，对于一个封闭的系统，系统内运动物体的动能可以等效为质量增加，静止物体的质量也可以等效为静能量，运动能量和静能量的总量仍然是守恒的。

第99号元素锿（Es）以爱因斯坦的名字命名。

8. 裂变——推倒核能量的多米诺骨牌

（1）什么是核裂变？

核素衰变时，只能变成周期表附近的其他元素。核裂变与衰变不一样。以铀-235为例，当用一粒中子撞击铀-235时，短时间形成一个复合核铀-236，它能分裂成两个（或三个）大小不等的碎片，如一个钡-144、一个氪-90和2-3个中子。这些碎片的质量总和比攻击粒子和被击中的原子核质量和要小一些，损失掉的质量就转化为能量。

（2）什么是链式反应？

当用中子撞击一大块铀-235或钚-239时，一个原子核裂变并释放出2～3个中子。这些中子又会引起另外两个原子核裂变，并释放出新的中子。接着这些中子又引起周围原子核裂变，释放出更多的中子……就这样，越来越多的中子被释放出来并引起越来越多的原子核裂变，这个过程就像滚雪球或推倒多米诺骨牌。人们称这个过程为链式反应。

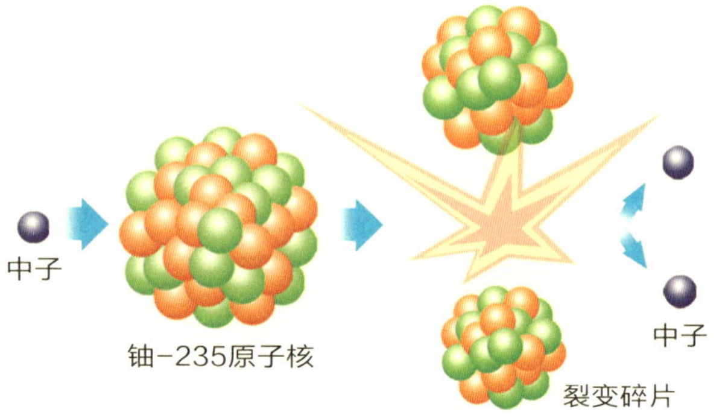

裂变反应示意图

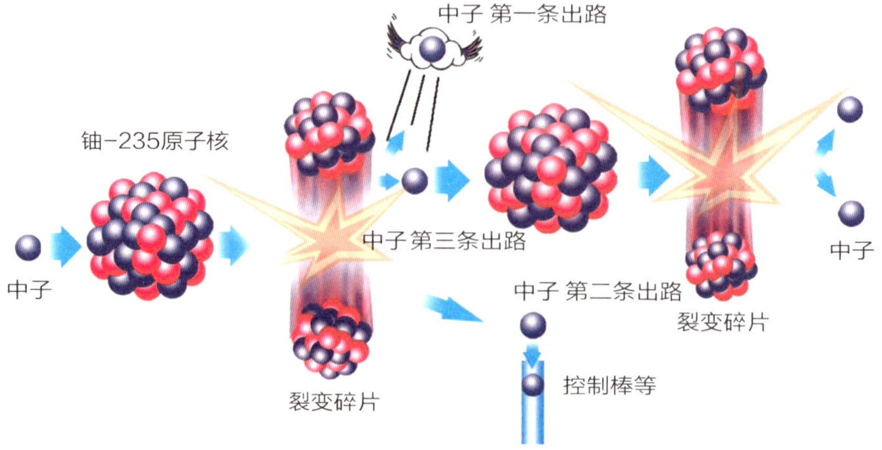

链式裂变反应示意图

（3）科学家是怎样发现核裂变的？

1934年，意大利物理学家费米的研究小组用中子轰击铀时，他们猜想会获得原子序数为93的元素（铀的原子序数是92），但出现了异常，产生了许多新元素，且这些元素在周期表上并不与铀邻近，显然不是普通的衰变产物。德国女化学家伊达·诺达克提出，在中子轰击下，铀分裂成几块，但中子能量这么小，铀是怎么被打碎的呢？1938年，德国物理学家哈恩重做实验并确定了产物是钡和镧等元素，奥地利女物理学家莉泽·迈特纳对实验做出解释：铀核俘获中子后分裂成两个大约相等的部分，并按照相对论会释放出大量能量。哈恩因为发现了核裂变现象获得1944年诺贝尔化学奖。迈特纳没有获得诺贝尔奖，但第109号元素鿏（Mt）以她的名字命名。

9. 聚变——来自星星的能量

（1）什么是核聚变？

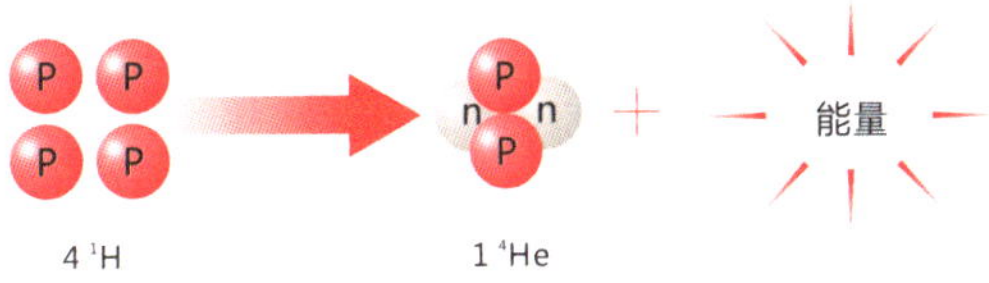

英国物理学家阿斯顿的发现
四个氢原子的质量总和大于一个氦-4原子
消失的质量将以能量形式放出

聚变与裂变不一样，它不是重原子核的分裂，而是由轻元素聚合成重元素，并释放能量的过程。例如，一个氘原子核和一个氚原子核发生融合，形成新的原子核氦，并释放出一个中子。新的氦原子核和中子的质量和要低于原来的氘和氚原子核，减少的质量转化为能量。

（2）对核聚变的认识历程

1919年，英国物理学家阿斯顿测量了氦–4和氢原子的质量，发现氦–4原子比4个氢原子质量之和少1%，这表明，如果氢原子聚合成氦原子，将释放出能量。

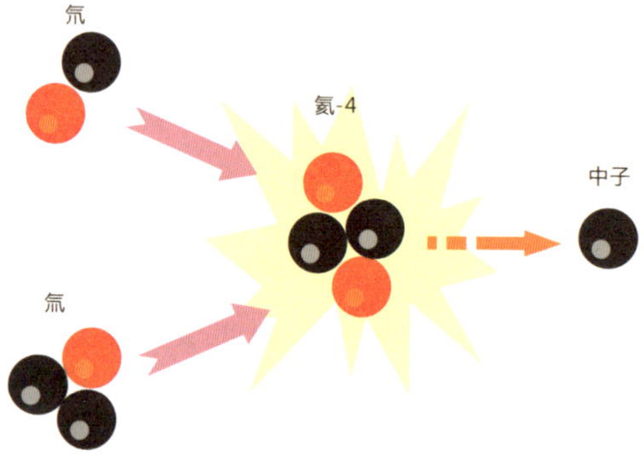

氘和氚聚变成氦和一个中子，并放出能量

1929年，美国天体物理学家罗素通过光谱分析，发现太阳中氢的总体积约占60%（后来证实为80%）。

1931年，美国物理学家尤里发现氘。1934年，卢瑟福、奥利芬特和哈特克发现，氘核互相撞击能生成氚。

1938年，贝特和魏茨查克吸取天体物理学和核物理学成果，发现太阳能量生成和维持轻核聚变的原理：高温和高密度条件使两种氢的同位素氘和氚不断生成氦并放出能量。但是，这种高温环境很难在地球实现。

1942年，美国启动研究原子弹的曼哈顿计划，匈牙利物理学家特勒指出：可以用原子弹的高温引发核聚变。1944年，费米通过计算得到核聚变点火温度。

（3）来自星星的能量

聚变是恒星的能量源泉。在恒星形成阶段，氢组成的气状球体被压缩，直到达到很高的温度，气体内部的氢原子核猛烈碰撞并形成氦。这一过程放出大量能量，并伴随着新元素的形成。随着轻元素不断聚变生

氘和氚聚变成氦和一个中子并放出能量

成重元素，各种元素也被创造出来。元素周期表中排在铁之前的元素都是通过聚变生成的。

1952年人类成功爆炸了第一颗氢弹。但是，由于核聚变需要在高温和压缩氢气条件下实现，因此，尽管和平利用核聚变不存在原理上的障碍，但是仍有很多技术难题需要攻克，各国一直在这方面不断努力，从裂变到聚变，是核能发展的必然趋势。

10. 费米与第一座核反应堆

费米

尽管爱因斯坦的质能转换公式解释了核能的巨大潜力，但在人们心目中，对这种神秘能量的驾驭仍遥遥无期。随着核裂变现象被发现，人们知道，中子会引发裂变，裂变的过程中还会放出新的中子，如果周围有足够多的其他铀燃料，就

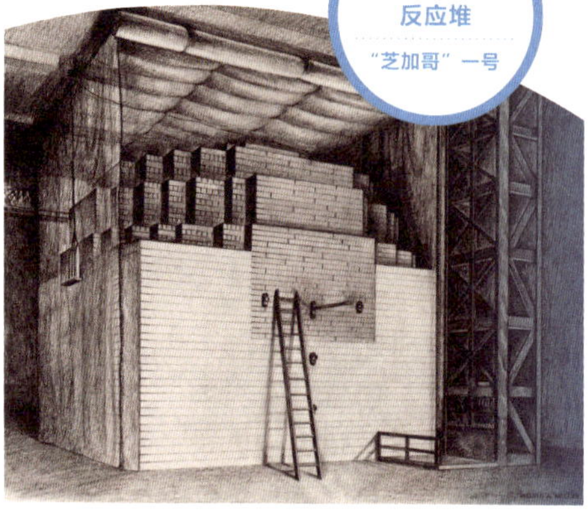

世界第一座反应堆
"芝加哥"一号

芝加哥大学校园内的金属匾额，上面的文字是：1942年12月2日，人类在这里第一次实现了自持链式反应，从而掀开了可控原子能释放的序幕

会通过链式反应将核裂变继续下去，很多科学家都想到这个思路，并纷纷投入到对链式反应的研究中。

芝加哥大学的雕塑《原子能》亨利·摩尔创作

1934年，意大利物理学家费米开始尝试用中子逐个轰击各种元素，他发现，中子经过减速后，引致核反应的能力更强了。1941年，费米来到美国芝加哥大学，领导第一个核反应堆的建造，这个反应堆使用石墨作为中子的减速剂，用镉棒吸收中子控制裂变的速度。经过一年努力，1942年12月2日，在芝加哥大学体育场的网球场内，世界上第一座核反应堆正式启动，第一次实现了输出能大于输入能，宣告人类利用核能时代的到来。

建造"芝加哥"一号反应堆的科学家，前排左一为恩里克·费米

为纪念费米，第100号元素镄（Fm）以他的名字命名。

11. 加速器——打碎粒子看世界

尽管人类对客观世界的认识已经深入到亚原子级别，并能够建立反应堆驾驭核能，但对科学的探究永远不会止步，科学家们通过建造加速器，破开微观粒子，探寻世界万物的至理。

（1）敲打粒子的缘起

1909年，卢瑟福通过α射线轰击金箔实验发现了原子核。1919年前后，卢瑟福离开曼彻斯特，担任卡文迪许实验室主任。在曼彻斯特的最后一年以及在剑桥的最初几年，他都在用α射线轰击各种原子核，发现质子的同时，也证明了原子核可以被人工改变。1930年，美国科学家欧内斯特·劳伦斯开始建造各种粒子回旋加速器。此后，众多科学家尝试用不同的方法将粒子加速并互相碰撞，从而产生更多新的粒子，渴望一窥微观世界的究竟。各种功能强大的加速器被制造出来。劳伦斯被授予1939年诺贝尔物理学奖，第103号元素铹（Lr）以他的名字命名。

大强子对撞机（LHC）
位于瑞士和法国边境，2008年开始试运转，同年发生故障，2009年重新运行。它是世界上最大的粒子加速器。2013年，欧洲核子研究组织（CERN）确认借助LHC发现了希格斯玻色子

ATLAS——大强子对撞机的探测器之一（请注意照片下方那个人与探测器的大小对比）

（2）加速器的基本原理

北京正负电子对撞机（BEPC）

坐落于北京市玉泉路。1984年开始兴建，1988年10月首次实现正负电子对撞。主要用于粲夸克和τ轻子物理的研究，同时又可作为同步辐射光源提供真空紫外至硬X光，开展凝聚态物理、材料科学、生物和医学、环境科学、地矿资源以及微细加工技术方面等交叉学科领域的应用研究

加速器包括直线加速器、回旋加速器、同步加速器等多种形式，利用电场和磁场的结合，操纵粒子（比如质子）沿着一定的轨道直线或环运动，同时把它们提升到越来越高的能量水平，让这些粒子碰撞，并把能量转变为大量碰撞产物。根据爱因斯坦的质能转换公式，能量越高，产生大质量粒子的可能性越大。科学家通过设置在对撞点的探测器，寻找这些转瞬即逝的新粒子，从而使基础科学的推论得到验证。

（3）低能加速器

加速器最初诞生时，是核物理研究的工具。第二次世界大战爆发后，加速器开始扩展到基础研究以外的领域。战后，射线辐射技术在工程、医药、生物学等方面发挥作用，以此为目的的低能加速器也发展起来。加速器能够产生多种射线，在辐射加工、无损检测、辐照育种、杀虫灭菌、医用诊疗等多个领域发挥了作用。

12. 中国科学家的贡献

（1）吴有训与康普顿效应

吴有训

吴有训（1897–1977）是中国著名物理学家、教育家，清华大学物理系创建者之一。1923年，吴有训成为阿瑟·康普顿的研究生。同年，康普顿发现“康普顿效应”。当时，以哈佛大学的杜安教授为代表的一些科学家提出质疑，吴有训秉持对真理的追求精神，改进了实验方法，证明了康普顿效应的普遍性，并用实验否定了杜安的“箱子效应”解释。这位年轻的中国学者，使康普顿–杜安之争的天平发生倾斜。1927年，康普顿荣获诺贝尔物理学奖，康普顿晚年曾对杨振宁说，他一生最得意的学生就是吴有训和阿尔瓦雷斯。

（2）赵忠尧与正负电子湮灭

赵忠尧

赵忠尧（1902–1998）是中国著名核物理学家，中国核物理研究的开拓者。1927年，赵忠尧赴美国加州理工学院留学，师从密立根教授。他在研究“硬 γ 射线通过物质时的吸收系数”过程中，测量到反常吸收和特殊辐射现象。当时的实验方法不能显示详细的机制，事实上，这些实验现象是 γ 射线产生正负电子，后者又碰撞湮灭的结果。1932年，美国学者安德逊以发现正电子获得诺贝尔奖，51年后，安德逊谈到，正是赵忠尧的发现引起了他的极大兴趣，激发了他当时研究的计划。

（3）王淦昌的理论贡献

王淦昌

王淦昌（1907–1998）是中国实验原子核物理、宇宙射线及基本粒子物理研究的主要奠基人和开拓者，“两弹一星”元勋，1924年考入清华大学物理系，师从叶企孙和吴有训，1930年赴德国留学，师从莉泽·迈特纳。

1933年泡利提出中微子假设，1941年王淦昌在美国《物理评论》上发表论文，提出验证中微子存在的实验方案，半年后，美国科学家阿伦根据这一方案，成功完成了实验。1995年，美国物理学家莱因斯和考恩按照“王淦昌–阿伦”方法继续研究，发现了中微子并获得诺贝尔奖。

20世纪50年代，根据盖尔曼和狄拉克的预言，中西阵营都在加紧寻找负超子。王淦昌精心设计了实验操作方案，于1959年发现“反西格玛负超子”，苏联《自然》杂志评价：“实验发现反西格玛负超子是在微观世界的图像上消灭了一个空白点。”

（4）钱三强与铀三裂变

钱三强

钱三强（1913–1992）是中国著名核物理学家，中国原子能科学事业的创始人，“两弹一星”元勋。1937年，钱三强赴法国留学，导师是约里奥–居里夫妇。1946年，钱三强带领小组经过几万次观测，发现了“铀的三裂变现象”。此结果一公布，引起学术界广泛重视，也受到英国的费瑟等人质疑。面对质疑，钱三强于1947年发表《论铀的三分裂的机制》，对“三裂变”进行了详细论证，引起了当时世界核物理界的高度重视。

13. 核科学发展重要事件

- 1895年，伦琴发现X射线
- 1896年，贝可勒尔发现天然放射性现象
- 1897年，汤姆逊实验发现电子；卢瑟福和汤姆逊发现放射性的产物α射线和β射线
- 1898年，居里夫妇先后发现放射性元素钋和镭
- 1905年，爱因斯坦提出狭义相对论
- 1911年，卢瑟福提出核原子结构模型
- 1916年，爱因斯坦提出广义相对论
- 1919年，卢瑟福实现人工核反应
- 1923年，康普顿发现康普顿效应
- 1932年，查德威克发现中子
- 1934年，约里奥-居里夫妇实现核反应生产人工放射性核素
- 1938年，哈恩和斯特拉斯曼发现核裂变现象
- 1942年，费米启动世界第一座核反应堆

第二章

“两弹一艇”壮国威

1964年10月16日15时，在中国西部的戈壁滩罗布泊地区传出一声巨响，中国成功爆炸了第一颗原子弹；时隔两年零八个月，1967年6月17日，中国又成功爆炸了第一颗氢弹；1971年9月，我国自己建造的第一艘核潜艇顺利下水。从而使我国成为世界上第5个拥有核武器和核潜艇的国家。“两弹一艇”的研制有力地打破了超级大国的核垄断和核讹诈，提高了中国的国际地位。这是中华人民共和国历史长廊中令人难忘的岁月，是中国人民在攀登现代科技高峰的征途中创造的奇迹，是新中国向现代化进军中光彩夺目的篇章。

1. 研制原因

1945年8月6号，美国在日本广岛投掷“小男孩”原子弹后出现的蘑菇云

1945年8月6日和9日，美国在广岛和长崎投下两枚原子弹，20余万人伤亡，日本被迫无条件投降。

建国伊始，新中国面临着严峻的考验，受到帝国主义核讹诈的严重威胁。美国拒绝承认并极力阻挠其他国家承认新中国，阻挠恢复中华人民共和国在联合国的合法席位，对新中国实行政治孤立、经济封锁、军事包围政策。1950年朝鲜战争爆发，美国随即打着联合国旗号武装干涉朝鲜，并派出第七舰队入侵台湾海峡。侵朝美军越过三八线，直逼中朝边境的鸭绿江和图们江，出动飞机轰炸我国东北边境城市和乡村。1950年10月19日，中国人民志愿军赴朝参战，抗美援朝、保家卫国。美国的头面人物多次扬言对中国使用原子弹。

核弹：“胖子”和“小男孩”

1950年7月
美军登陆朝鲜半岛

1950年7月
参与两栖登陆的美军战船

1950年10月
中国人民志愿军赴朝参战

2002年2月28日，美国国家保密档案馆首次解密了41份美国政府的

绝密文件和长达500小时的谈话录音，披露了一系列令人震惊的内幕：美国政府曾数次试图对中国发动核突袭。1950年朝鲜战争期间，美国总统杜鲁门说：“我们一直在考虑使用原子弹！” 越战时，美国欲用1750枚核弹头打击中苏；1954、1958年爆发两次台海危机，美国参联会建议用原子弹攻击中国；1961年、1968年和1970年，美国曾多次进行针对中国的核战争演习；1963年，当中国即将进行第一次核试验时，美国一些人鼓吹对中国进行先发制人的打击。

中国需要和平，但和平需要武器。事实证明，一个受尽苦难却不甘屈辱的民族面对核讹诈的大棒，绝不能光着脑袋仰望别国的核保护伞，只能依靠自力更生、奋发图强研制原子弹。正是在此背景下，党中央进一步从战略高度分析了核武器的作用和地位，毅然决定发展自己的原子能事业。

1962年11月，毛泽东同志对核武器事业作出重要指示

2. 决策形成

面对严峻的国际形势，以毛泽东同志为核心的党中央第一代领导集体毅然作出发展原子能事业的战略决策。1955年1月15日，毛泽东主席在中南海丰泽园主持召开中共中央书记处扩大会议，会议的参加者除了刘少奇、周恩来、邓小平、彭德怀等党和国家领导人外，另外还有刘杰和两位科学家：物理学家钱三强和地质学家李四光。会上，钱三强用最通俗的语言，向在座的领导同志阐明了原子弹的基本原理，而李四光则带来了一块铀矿石，做了用仪器探测铀矿石的操作演示。会议从下午三点多一直开到晚上七点多，在听取了刘杰、钱三强和李四光有关铀矿资源勘探、核科学技术的汇报以及参加会议的领导同志的意见后，毛泽东说："这件事总是要抓的，现在到时候了，该抓了。只要排上日程，认真抓一下，一定可以搞起来"。"我们有人，又有资源，什么奇迹都可以创造出来"！毛泽东强调指出："搞一点原子弹、氢弹，我看有十年功夫完全可能"。毛泽东主席拍板作出了发展原子能事业、研制原子弹的决定。会议通过了新中国发展核武器研制的计划，由聂荣臻、陈云、薄一波组成三人小组，负责原子能工作。

党中央第一代领导集体
作出发展原子能事业的战略决策

3. 艰苦岁月

1950年5月19日，毛泽东批准成立中国科学院近代物理研究所（中国原子能科学研究院的前身），所长为吴有训，副所长为钱三强，一年以后钱三强继任所长。1952年，王淦昌、彭桓武任副所长，加强了对原

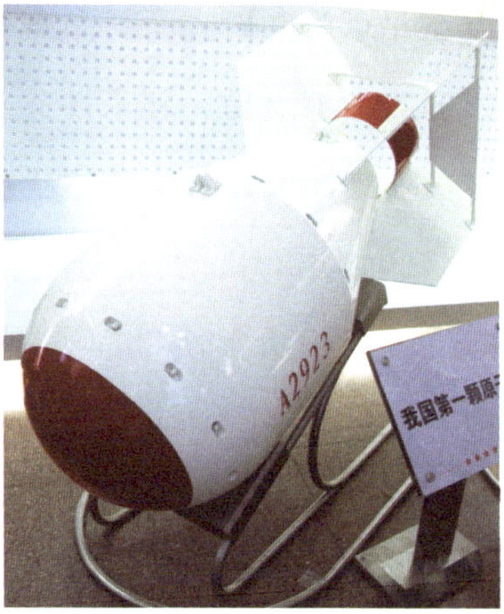

中国第一颗原子弹A2923模型

子核物理理论可行性研究。此后，大批有造诣、有理想、有实干精神的原子能科学家，从美、英、法、德等国陆续回国。

1956年11月16日，设立中华人民共和国第三机械工业部（后改名为第二机械工业部、核工业部、中国核工业总公司、中国核工业集团公司），具体领导全国核工业建设和核武器研制工作，进行了地质勘探和矿山建设，并在北京附近简易的棚子里开始了有关原子弹的研制，经过艰苦的探索，初步掌握了制造原子弹的基本原理，同时，进行了一系列部件的试制、试验工作，为中国核工业的发展打下了坚实的基础。

1958年初，中央决定成立第三机械工业部九局（同年2月改称二机部九局，现中国工程物理研究院），由李觉任局长，吴际霖、郭英会任副局长，负责核武器研制和基地建设工作。10月10日，二机部党组决定

1964年10月16日下午3时，我国第一颗原子弹爆炸试验成功。张爱萍上将手拿话筒，直接向北京的周恩来总理汇报喜讯

1964年10月16日下午4时许，周恩来总理在人民大会堂宣布第一颗原子弹爆炸成功

成立北京第九研究所，负责核武器研制工作；随后，朱光亚、程开甲、彭桓武、王淦昌、郭永怀、邓稼先、周光召等科学家和一大批优秀科技人员陆续调入九所从事核武器研制工作。

1958年3月，初步选定青海省海晏县的金银滩为原子弹研制基地的厂址。党中央很快批准筹建报告，确定核武器研制基地建设为"02工程"，要求全国必须对此工程开绿灯。为了深藏这个国家机密，这片只有一个"221"代号的土地和数万名前赴后继在此扎根坚守的人们，一起隐姓埋名32年。

1964年10月16日下午3时，新疆罗布泊上空，天地轰鸣，巨大的蘑菇云翻滚而起，我国第一颗原子弹爆炸成功

正当中国原子弹研制顺利进行时，中苏关系开始恶化。1960年7月16日，苏联撕毁了援助中国研制原子弹的协议，200多名苏联专家全部撤走回国，并且把重要的图纸资料全部带走。从国内情况看，形势也极为严峻，国民经济处在严重困难时期，这些给中国原子能事业发展投下了巨大的阴影。在艰难的环境下，中国共产党没有屈服于外界的压力，义无反顾地迎着困难，决心把自己的原子弹搞出来。中共中央确立了自己动手、从头摸起，准备

早期的221厂

当年，我国科技工作者在艰苦的条件下，把“两弹一星”研制出来

用8年时间搞出原子弹这一自力更生、艰苦奋斗的方针。毛泽东在严峻压力下发出“自力更生搞出原子弹”的口号，陈毅更表示，“当掉裤子也要把原子弹造出来”。

远在新疆罗布泊核试验基地，几十万大军在那里从事科研工作和基建工程，大戈壁的客观条件本身就很艰苦，在三年国家经济最困难的时候，曾出现过断炊的现象，这更是雪上加霜，罗布泊本来植物就很稀少，可以吃的如榆树叶子、沙枣树籽，甚至骆驼草，几乎都被他们拿来充饥了。当时聂荣臻元帅“征集”粮食说过这样一段话：我以革命的名

义向大家募捐，请求你们立即搞一点粮食和副食支援我们的试验基地吧，我们的科技人员太苦了，他们能不能活下来，是关系到国家前途和命运的大事。

4. 核弹元勋

1999年9月18日，在庆祝中华人民共和国成立50周年之际，党中央、国务院、中央军委决定，对当年为研制“两弹一星”作出突出贡献的23位科技专家予以表彰，授予或追授“两弹一星功勋奖章”。其中以核武器为主要研究方向的科技专家有：于敏、王淦昌、邓稼先、朱光亚、吴自良、陈能宽、周光召、钱三强、郭永怀、程开甲、彭桓武（以上排名按姓氏笔画为序）。

“铸国防基石，做民族脊梁”。中国的核武器事业，是几代人连续奋斗的结晶，多少人为之贡献了青春年华，有的献出了宝贵的生命。我们要珍惜老一辈科学家带给我们宝贵的精神财富，也要记住更多默默无闻、无私奉献的创业者和继承者，有了他们艰苦奋斗的闪光精神，才有我们今天的强大中国。

5. 中国的承诺

1964年10月16日，中国政府在成功爆炸第一颗原子弹几小时后，播发阐明中国政府对于核武器立场的《中华人民共和国政府声明》，声明中明确提出了：“全面禁止和彻底销毁核武器”，建立无核武世界的呼吁，承诺“不首先使用核武器”和“不对无核国家使用核武器”，这些声明宣示了我国作为社会主义国家的新型核战略思想。

人民日报 号外

1964年10月16日

加强国防建设的重大成就，对保卫世界和平的重大貢献

我国第一颗原子弹爆炸成功

我国政府发表声明，郑重建议召开世界各国首脑会议，讨论全面禁止和彻底销毁核武器问题。

新华社北京十六日电 新闻公报

一九六四年十月十六日十五时（北京时间），中国在本国西部地区爆炸了一颗原子弹，成功地实行了第一次核试验。

中国核试验成功，是中国人民加强国防、保卫祖国的重大成就，也是中国人民对于保卫世界和平事业的重大贡献。

中国工人、工程技术人员、科学工作者和从事国防建设的一切工作人员，以及全国各地区和各部门，在党的领导下，发扬自力更生、奋发图强的精神，辛勤劳动，大力协同，使这次试验获得了成功。

中共中央和国务院向他们致以热烈的祝贺。

新华社北京十六日电 中华人民共和国政府声明

一九六四年十月十六日

一九六四年十月十六日十五时，中国爆炸了一颗原子弹，成功地进行了第一次核试验。这是中国人民在加强国防力量、反对美帝国主义核讹诈和核威胁政策的斗争中所取得的重大成就。

1996年7月29日，中国政府宣布暂停核试验。实现无核武器的世界，确保各国共享和平、安全、稳定与繁荣，这是世界各国人民的强烈愿望。我们深信，只要全世界一切爱好和平的国家和人民共同努力，核战争是可以防止的。人类既然能在20世纪制造出核武器，也应该有能力在21世纪争取消除核武器。中国正在同世界各国人民一道，为实现这一崇高目标而奋斗！

第三章

魅力核电

自19世纪70年代以来，随着经济发展，世界能耗增长了20倍，其中85%来自煤炭、石油、天然气等化石燃料。大量化石燃料的消耗，一方面给人们赖以生存的环境造成严重污染和生态失衡，另一方面化石燃料资源在地球上的储量日益减少。因此，人类将面临后续替代能源的抉择。随着核电技术逐渐成熟，核电已经发展成为世界电力的重要组成部分，与水电、火电并称为世界电力供应三大支柱。在人类享受核电带来福祉的同时，围绕核电安全的争议从来就没有停止过，尤其是曾经发生过的核事故给人们的心理带来了挥之不去的阴影。随着核电安全标准的不断提高，安全意识、安全措施和应急体系的不断完善，核电的安全性也得到进一步加强。核能发电是20世纪科技发展的重大成果之一，对促进经济社会发展、保障能源供应、减少温室气体排放发挥了重要作用，对于增强国家综合实力具有举足轻重的战略地位。

1. 能源危机

在人类社会与经济发展不断实现新跨越的同时，石油、煤炭、天然气等不可再生能源却日益减少，同时，伴随化石能源的过度开发与使用，产生的环境和生态问题日趋严重。目前全球石油储量仅够生产40年，能源问题已经成为全人类共同关心的焦点问题之一。

为了应对能源危机，积极寻找新的可替代能源，成为世界各国面临的必然选择。目前，水能、风能、太阳能、地热能、潮汐能、核能等等能源的开发利用，成为化石能源的有效补充，人类社会已经进入多能源时代。但是，水能、风能、太阳能、地热能、潮汐能等受多种条件的限制，只能在一定条件下有限开发，迄今为止，仍是杯水车薪，难以大量使用。

核能技术上较为成熟，可以大规模开发利用，是弥补化石燃料匮乏，减少环境污染，实现大规模工业应用的能源。地球上已探明的核裂变燃料，即铀矿和钍矿资源，按其所含能量计算，相当于化石燃料总能量的20多倍。此外，地球上还存在大量核聚变燃料氘，如果人类实现了商用可控核聚变，按照目前世界能源消费水平，地球上氘、氚的储量可供人类使用百亿年。

2. 世界和我国能源格局

能源是整个世界发展和经济增长的最基本的驱动力，是人类赖以生存的基础。自19世纪70年代的产业革命以来，特别是第二次世界大战之后，石油和天然气的生产和消费持续上升，石油于20世纪60年代首次超过煤炭，跃居一次能源的主导地位。虽然70年代世界经历了两次石油危机，但世界石油消费量却丝毫没有减少的趋势。此后，石油、煤炭所占比例缓慢下降，天然气的比例上升。同时，水力、核能、太阳能、风能、地热能等其他形式的能源逐渐被开发和利用，形成了目前以化石燃料为主，水力、核能、可再生能源等多种形式并存的能源结构格局。

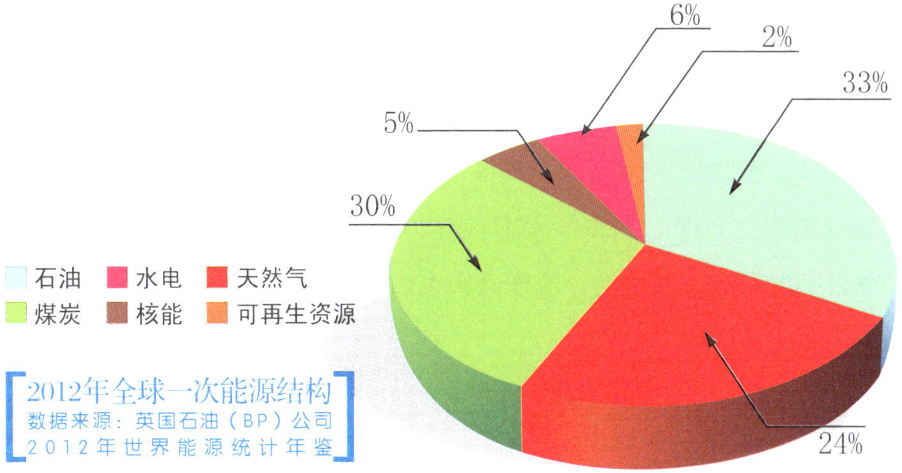

2012年全球一次能源结构
数据来源：英国石油（BP）公司
2012年世界能源统计年鉴

我国已经发展成为世界最大的能源生产国，能源产业快速发展，供应能力明显提高，产业体系进一步完善，主要体现在能源供应能力显著增强，清洁能源比重逐步增加，节能环保成效明显等方面。但是我国能源消费持续增长，近10年来，我国累计能源消费增量占世界总增量的53%，年均增速为世界的3倍。2012年，我国一次能源消费总量达到36.2亿吨标准煤，约占世界能源总消费量的20%。因此，能源资源约束矛盾突出，能源供应保障压力巨大。我国能源发展方式也较落后，

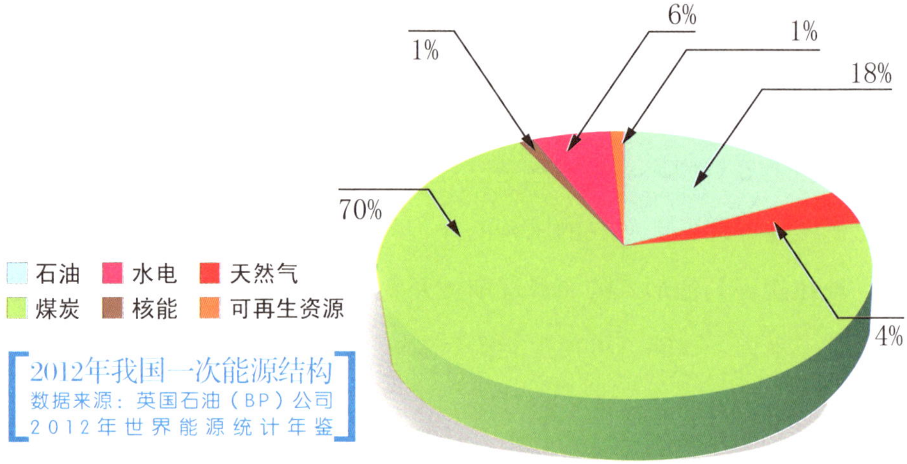

2012年我国一次能源结构
数据来源：英国石油（BP）公司
2012年世界能源统计年鉴

煤炭资源整体回采率仅为30%，能源加工转换储运和终端利用综合效率仅为36%，而且单位GDP能耗远远高于发达国家。2012年我国一次能源结构以煤炭、石油、天然气为主，占90.9%，而且能源对外依存度超过13%，不仅石油、天然气，就连煤炭也由净出口大国变为净进口大国。

3. 世界核电的发展历程

世界核电站分布图

纵观人类和平利用核能的历程，全球核电发展可分为4个阶段：

（1）实验示范阶段（1954–1965）

20世纪50年代中期至60年代初。在此期间，世界共有38个机组投入运行，属于早期原型反应堆，即“第一代”核电站。除1954年苏联建成的第一座试验核电站外，还包括1956年英国建成的45MW原型天然铀石墨气冷堆核电站、1957年美国建成的60MW原型压水堆核电站、1962年法国建成的60MW天然铀石墨气冷堆和1962年加拿大建成的25MW天然铀重水堆核电站。

（2）高速发展阶段（1966–1980）

20世纪60年代中期至80年代初。其间，世界共有242个核电机组投入运行，属于“第二代”核电站。由于受石油危机的影响，以及被看好的核电经济性，核电经历了一个大规模高速发展阶段，鼎盛时期平均每17天就会有一座新核电站投入运行。美国成批建造了500～1100MW的压水堆、沸水堆，并出口其他国家；苏联建造了1000MW石墨堆和440MW、1000MW VVER型压水堆；日本、法国引进、消化了美国的压水堆、沸水堆技术，其核电发电量均增加了20多倍。

（3）减缓发展阶段（1981–2000）

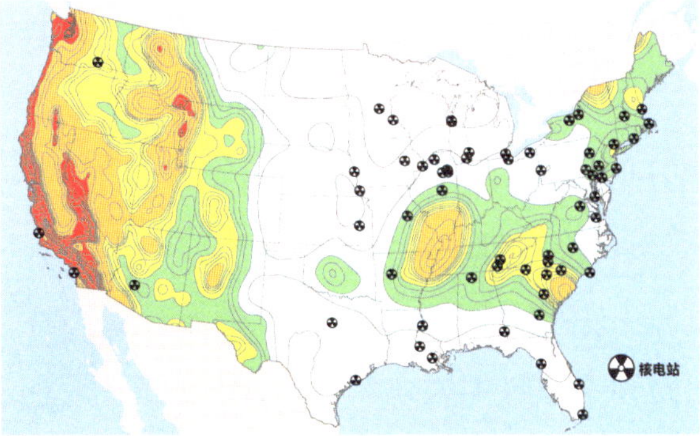

美国核电站分布图

20世纪80年代初至本世纪初。由于1979年的美国三哩岛核电站事故以及1986年的苏联切尔诺贝利核电站事故，全球核电发展迅速降温。在此阶段，人们开始重新评估核电的安全性和经济性。为确保核电站的安全，世界各国加强了安全设施，制定了更严格的审批制度。据国际能源机构统计，在1990年至2004年间，全球核电总装机容量年增长率由此前的17%降至2%。

（4）开始复苏阶段

21世纪以来，随着世界经济的复苏以及越来越严重的能源危机，核能作为清洁能源的优势重新受到青睐。同时，经过多年的技术发展，核电的安全可靠性进一步提高，世界核电的发展开始进入复苏期，世界各国制定了积极的核电发展规划。美国、欧洲、日本开发的先进的轻水堆核电站，即"第三代"核电站取得重大进展。

截至2013年7月，全球在运核电机组437台，总装机容量3.72亿千瓦；在建核电机组67台，总装机容量6552万千瓦。在运反应堆中，压水堆、沸水堆和重水堆是三种主要堆型，分别占总数的62.5%、19.2%和11.0%。在建反应堆大部分为压水堆，占到79.4%。目前，世界正在运行的机组采用的基本是第二代核电技术。世界各国在二代技术基础上进行了改进与创新，研发出三代核电技术，采用了改进型和革新型设计的新堆型提高了核电安全性、可靠性和经济性。

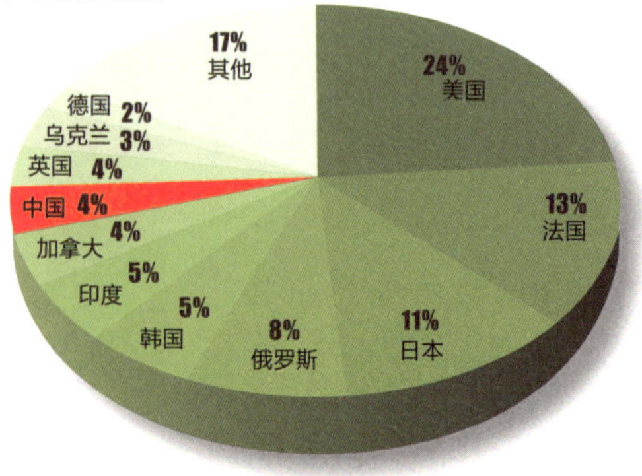

各国核电在运机组数量占比图

根据国际原子能机构发布的2011年度全球核发电比例的统计数据，核电约占全球总发电量的15%，其中法国高达77.7%，韩国为34.6%，日本为18.1%，美国为19.2%。全球已具有核发电能力的国家中，美国、法国、日本、俄罗斯和韩国5国的在运反应堆数量为世界前五位，共占全球总数的60.4%。

出于对环保、生态和世界能源供应等的考虑，核电作为一种安全、清洁、低碳、可靠的能源，近年来已被越来越多的国家所接受和采用，在全球部分地区掀起了核电建设热潮。如今，越来越多的国家正在考虑或启动建造核电站的计划，已有60多个国家正在考虑采用核能发电。到2030年前，估计将再有10～25个国家加入核电俱乐部，新建核电机组。据国际原子能机构预测，到2030年全球的核电装机容量增加至少40%。

4. 我国核电发展现状

我国大陆核电发展至今已有四十余年，经历了核电起步、适度发展、积极发展和安全高效发展4个阶段。

（1）核电起步阶段

从20世纪70年代初，我国大陆核电开始起步。1985年第一座自主设计和建造的核电站——秦山核电站破土动工，1991年12月15日成功并网发电。

（2）适度发展阶段

2000年召开的党的十五届五中全会提出了“适度发展核电”的方针。在此方针指导下，我国相继建成了浙江秦山二期核电站、广东岭澳一期核电站、浙江秦山三期核电站等，使我国核电设计、建造、运行和管理水平得到了很大提高，为我国核电加快发展奠定了良好的基础。

（3）积极发展阶段

进入新世纪，中国核电迈入批量化、规模化的快速发展阶段。截

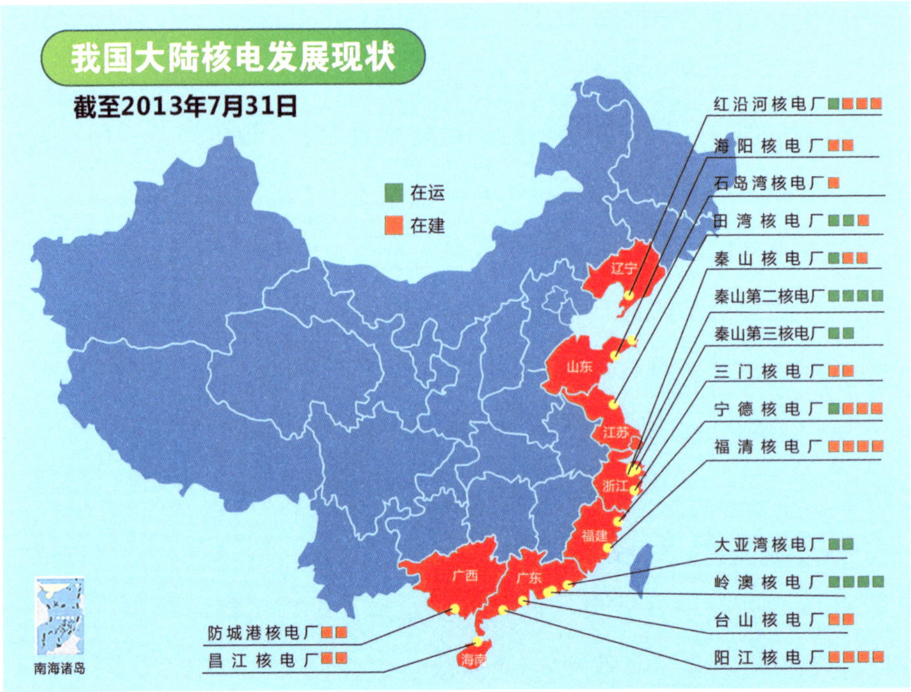

至2014年年底，我国大陆在运行核电机组共22台，总装机容量2010万千瓦，约占全国发电总量的2.2%；在建机组26台，规模2800万千瓦，约占世界在建规模的40%。中国已成为世界上在建核电机组规模最大的国家。

（4）安全高效发展阶段

党的十七届五中全会通过的《中共中央关于制定国民经济和社会发展第十二个五年规划的建议》，确定我国"在确保安全的基础上高效发展核电"的方针。2012年3月，我国《政府工作报告》重申了在能源结构中安全高效发展核电的政策，我国核电也由此进入了安全高效、稳步发展的新阶段。

为了满足我国能源消费的持续增长需求，2013年我国发布的《能源发展"十二五"规划》中明确提出要"安全高效发展核电"，加快建设现代核电产业体系，打造核电强国。2014年6月13日，习近平总书记在主持召开中央财经领导小组第六次会议时强调，在采取国际最高安全标准、确保安全的前提下，抓紧启动东部沿海地区新的核电项目建设。李克强总理在2014年政府工作报告中提到要推动能源生产和消费方式变革，开工一批水电、核电项目。根据《核电中长期发展规划（2011—2020年）》提出的目标，2015年前我国在运核电装机达到4 000万千瓦，在建1 800万千瓦。到2020年我国在运核电装机达到5 800万千瓦，在建3 000万千瓦。

5. 核电战略地位

核电是继水电和火电之后最具工业规模发展潜力的成熟电力供应形式，也是清洁、低碳、环境友好、输出功率稳定的经济高效能源，规模化发展核电对于落实减排目标、实现中国能源结构显著改变、满足国民经济对电力的需求、保障能源供应安全有着举足轻重的影响。

（1）发展核电是保障我国能源安全的战略需要

实现能源结构多元化、降低对单一能源品种的依赖，是全球各国共同的战略选择。目前中国已成为煤炭资源净进口国，同时原油对外依存度已达57%以上，位居全球第一， 中国石油输入在量和价两个方面面临的风险增大，中国能源安全面临的挑战将日趋严峻。

（2）发展核电是实现能源可持续发展的重要措施

我国能源以化石能源为主，其中电力以煤电为主。煤电厂排放大量温室气体，并且释放的二氧化硫、氮氧化物、烟尘是大气污染的主要来源，随着能源需求量的不断加大，化石能源将面临供应危机。要实施大规模减排温室气体，除水电外，发展核电是在当代技术上唯一可行的措施。

（3）发展核电是能源科技重大创新的重要支撑

核电工业是现代高科技密集型的国家战略性产业，发展核电，加快核电自主化建设，不仅能促进我国核工业的发展，而且可以带动相关产业的发展，对推动我国重大科技领域的技术创新，对提高我国相关制造业整体工艺、材料和加工水平将发挥重要作用。

（4）发展核电是实现能源与环境协调发展的有效途径

我国一次能源长期以煤炭为主，我国目前70%左右的城市空气质量达不到新的环境质量标准，雾霾天气频繁发生，引起公众广泛关注和强烈担忧。核电是一种技术成熟的清洁能源，发展核电代替部分煤电，可以减少污染物的排放，减缓地球温室效应，改善环境，实现能源与环境

核电容量规模目标

（测算方案）

	2010	2020	2030	2050
电力总装机	9.5	15	20	25
核电装机	0.1	0.7	2.0	4.0
核电装机比例	1.05%	4.6%	10%	16%
核电电量比重		7%	15%	24%

数据来源：《中国能源中长期发展战略研究》

协调发展。

6. 巨大的核能

什么是核电站？巨大的核能从何而来？秦山、大亚湾核电站为什么这样干净和漂亮，从来没见到冒黑烟？反应堆内部的构造是怎样的，是如何用来发电的？核电站会不会发生像原子弹那样的爆炸？核电具备可持续发展条件吗？这许许多多的问题，你可能很想弄个明白，下面，让我们带您在核电站漫游，为您作详细的解读。

太阳能来源于核聚变反应，核电站能源来源于核裂变反应，化石燃料（煤、石油、天然气）燃烧能量来源于化学反应。

（1）一千克铀-235相当于2700吨标准煤

燃烧煤是碳的氧化反应，一个碳原子与一个氧分子结合生成一个二氧化碳分子，释放出能量(E)，这个能量小得很，只有4.1电子伏。燃烧1千克标准煤可释放出7000多千卡热量。

碳（C）+氧（O_2）→二氧化碳（CO_2）+能量（E）

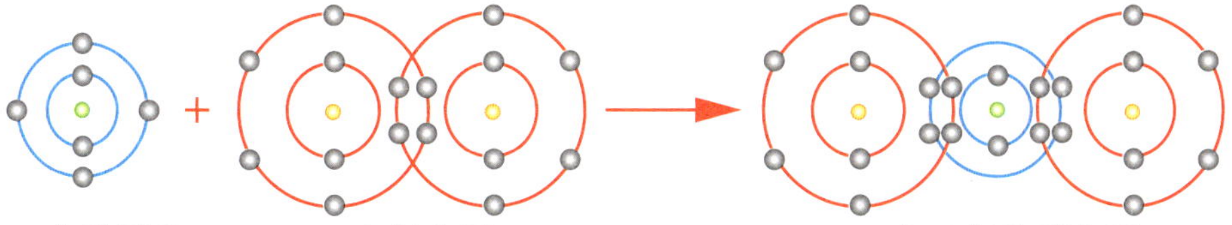

煤燃烧仅改变了原子组合和电子配置

煤、石油、天然气燃烧，都是释放化学能。化学能是原子重新组合及其电子重新分配的过程中释放出来的，在这个过程中原子核本身并没有发生变化。

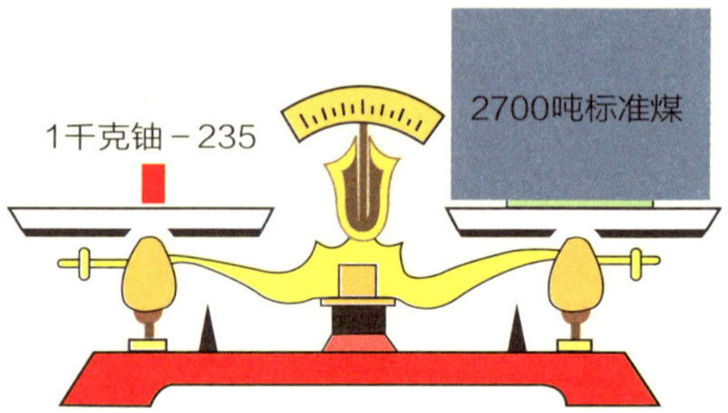

1千克铀–235产生的能量与2700吨标准煤产生的能量相当

核电站中发生的是铀核裂变反应，一个铀核裂变释放的能量约为200兆电子伏。因为235克铀中含有6.023×10^{23}个铀原子核，1克铀中含 2.56×10^{21} 个铀原子核，所以1 克铀–235 释放的能量可达到5.12×10^{23}兆电子伏。

燃烧1千克标准煤放出热量7000千卡

燃烧1千克铀–235放出热量19600000000千卡

不难算出，1千克铀–235裂变放出的热量相当于燃烧约2700吨标准煤。同一质量下，核能比化学能大几百万倍。

（2）巨大核能从何而来

我们知道，自然界中的物质都是由原子组成。原子是由位于中心位置带正电荷的原子核和围绕原子核旋转带负电荷的电子构成的。而原子核又是由质子和中子组成的。质子和中子是由被称为“夸克”的更小粒子组成的，夸克的结构目前正在探索中。迄今人们已发现了物质五个层次结构（分子——原子——原子核——核子——夸克）和310多种基本粒子。

在原子核中，中子不带电，质子带正电。把质子和中子紧箍在一个非常小的空间(原子核直径约为10^{-13}厘米)存在着一股巨大的力，科学家称它为核力，核力比电磁力要大130倍。核力与电磁力、万有引力都不同，它只在原子核直径的很小范围内起作用。当质子和中子重新组成新

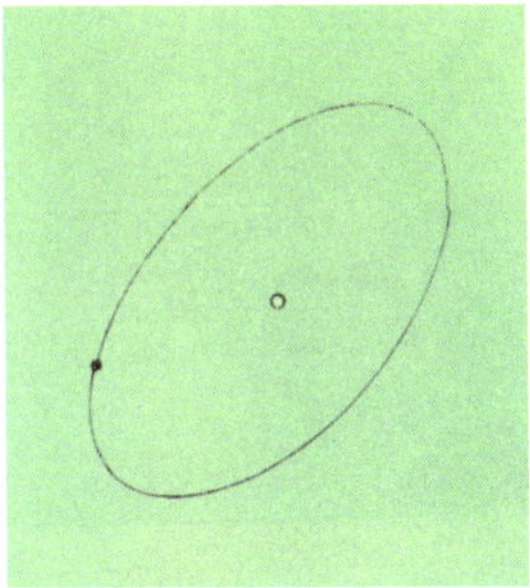

氢原子

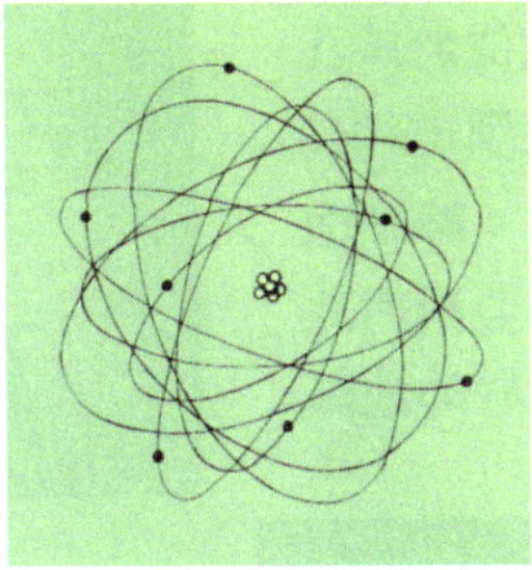

氧原子

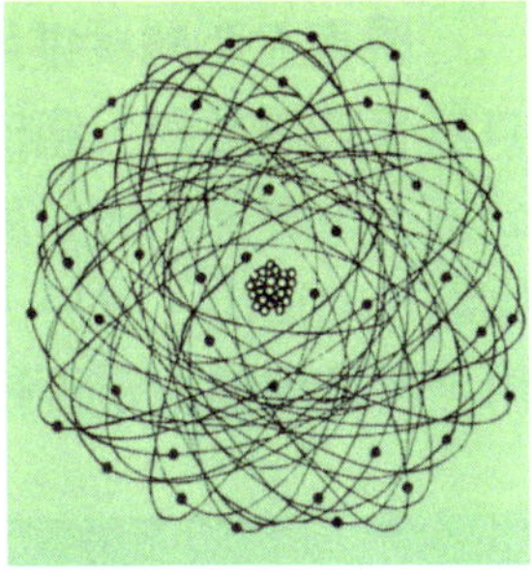

铀原子

氢原子、氧原子、铀原子组成示意图

原子核时，核力的强大作用使核子间排列得更紧密，会出现质量减少和放出能量的情况，这种释放出的能量，科学家称之为原子核结合能。

（3）请爱因斯坦来作解释

大科学家爱因斯坦提出的相对论指出，质量和能量可以相互转化，质量消失，会产生能量。原子核质量亏损所释放出的结合能，可以由爱因斯坦提出的质量能量关系式计算出来。

$E=mc^2$

式中，E——释放能量（尔格）

m——亏损质量（克）

c——光速（3×10^8米／秒）

根据这个公式，在铀原子核裂变过程中，极小的质量转化成极大的能量。

7. 神奇的核岛

要让核能乖乖地释放出来，为我们供热、发电或提供动力，不是一件容易的事。

（1）不冒烟的锅炉

反应堆有人称它为原子反应炉。这是一种特殊的锅炉。现代的反应堆，从外面看是一个立式球形顶的圆柱体或球形建筑，这就是所谓核岛。至于发电部分（也称常规岛），核电厂与火电厂都用蒸汽推动汽轮机旋转，带动发电机发电。核电厂与火电厂主要的不同是蒸汽供给系统。火电厂依靠燃烧化石燃料释放的化学能制造蒸汽；核电站是依靠核燃料裂变反应释放的核能来制造蒸汽。

核电厂与火电厂比较

反应堆这个"原子锅炉"，构造奇特，与众不同。提到燃烧，人们就会想起熊熊的烈火和滚滚的浓烟，但是原子锅炉的燃烧既见不到火，也看不到烟。走近核电厂，人们也会看到一个高高的"烟囱"，但仔细看看，就会发现它从来不冒黑烟。这并不奇怪，因为它只是一个排风设备。

生炉子要用火柴和木材点火，反应堆的"点火"，是提供引发裂变反应的第一代中子，这是依靠反应堆内安装的点火中子源来实现的。

（2）控制棒指挥核裂变反应

普通锅炉需要不断地加煤和不停的鼓风，它的燃烧速率，是靠调节供煤量和调节风量来实现的。反应堆则是靠控制棒来实现的。控制棒有很强的吸收中子的能力，它是用镉、硼、铪等材料做成的。它“吞吃中子”的胃口很大，提起控制棒，中子数量增加，反应堆功率就上升；插入控制棒，中子数量下降，反应堆功率就下降，甚至反应堆的裂变反应会停下来。

火电厂燃烧释放出的热量是用水传出的，水吸收热变成蒸汽，推动蒸汽轮机—发电机组发电。反应堆中铀裂变放出的能量是用导热本领大、吸收中子少的物质做冷却剂，把热量传导出来。这种冷却剂（又称载热剂），或用液体：如水、重水；或用气体：如二氧化碳、氦气；或用液态金属：如液态金属钠、液态钠-钾、液态铅-铋等。

8. 多重屏障系统——不让放射性物质泄漏出去

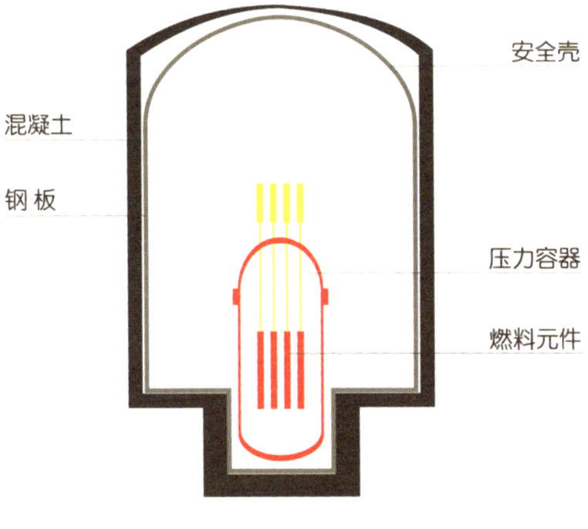

反应堆多重屏障

核裂变反应产生许多放射性物质，包括裂变碎片和它们的衰变产物及α射线、β射线、γ射线、中子等，因此有很强的放射性。设计师们建造了多重屏障体系，不让放射性物质泄漏出去，反应堆一般有三道屏障，即燃料元件包壳、压力容器和安全壳。通过纵深防御和层层设防，放射性物质是难以泄漏到环境中去的。

（1）精心制作的核燃料元件

反应堆燃料元件密封在包壳中，包壳材料具有耐高温、耐高压、耐辐照、抗腐蚀等优良的物理化学性能，破损率非常低（<0.01%）。例如压水堆燃料，先做成二氧化铀烧结陶瓷体芯块（直径8～10毫米，高度10～13毫米）。然后把这些芯块装在锆合金做成的套管中（直径9～11毫米，长约4米），套管要抽去空气，充入氦气，严格密封。最后把这些燃料棒按照一定规律排列，以精准的间距做成燃料组件。

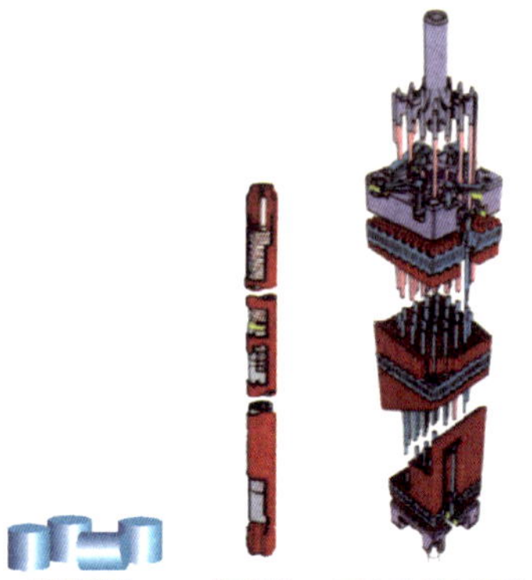

反应堆燃料

（2）固若金汤的压力容器

压力容器是反应堆的心脏，就像锅炉的燃烧室，这是精心加工制造的关键部件。例如100万千瓦压水堆电站的压力容器，内径达4～5米，高度达13米，重量达400～500吨。这是用20厘米厚的高级合金钢精加工制成的。它的强度大、塑性、韧性好，耐高温、耐高压、耐辐照、抗震、抗腐蚀，保证绝对没有裂缝和泄漏。

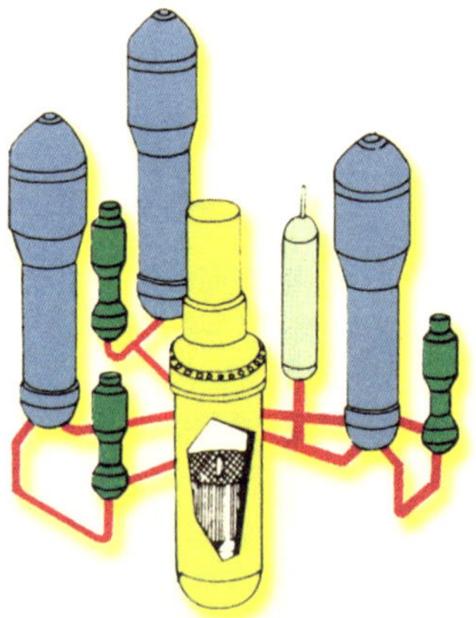
压力容器

（3）铜墙铁壁的安全壳

安全壳是双层结构的庞大构筑物。100万千瓦压水堆电站的安全壳直径达30～40米，高度达60～70米，外壁为1米厚的预应力钢筋混凝土，内壁为6毫米厚的钢板。能耐3～4个大气压的压力，能承受地震、飓风、龙卷风和来自内部或外部飞射物与飞机坠落的撞击，可以说这是一座坚不可摧的堡垒。安全壳定期进行检漏实验，安全壳的双壁中间可容纳从反应堆大厅来的气体。因为它保持负压，要向外泄漏气体是不容易的。安全壳里设有空气净化、喷淋水和消除氢气等系统，具有气体过滤、降温、捕集放射性核素和防止氢气爆炸等作用，能够阻止放射性核素向外释出和减少对环境的辐射影响。

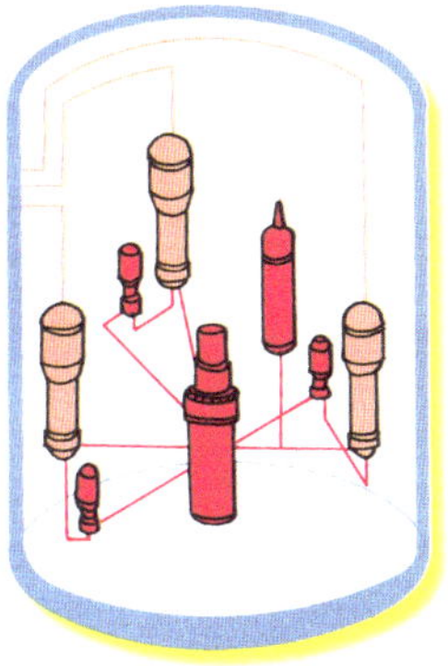

安全壳

9. 原子弹爆炸绝不会在这里发生

1945年，美国在日本广岛和长崎掷下了两枚原子弹，顷刻间，两座大城市化为废墟，几十万人伤亡。至今，核恐怖的心理还难以完全抹净。有人担心反应堆会出现原子弹那样的爆炸。实际上，反应堆绝对不会发生原子弹那样的核爆炸，因为反应堆和原子弹的设计思想、构造和部件是截然不同的。

（1）啤酒点不着火

啤酒酒精浓度低，不会被点燃　　白酒酒精浓度高，会被点燃

“核电厂”与“原子弹”的燃料浓度区别

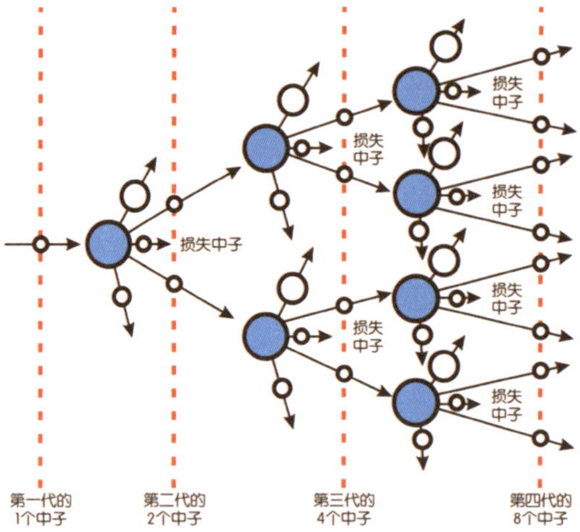

不可控链式裂变反应示意图

核电厂反应堆里装的是天然铀或低浓铀（铀-235富集度2%～5%），原子弹里装的是高富集度的武器级铀（铀-235富集度>90%）或者武器级钚（钚-239含量>93%）。燃料浓度差别非常重要，就像白酒酒精含量高可以点着火，啤酒中酒精含量太少点不着火一样。

原子弹是一种不可控的自持链式反应装置。人们把原子弹制造成几乎每个中子都能打中铀核。如果第一代有1个中子，第二代就会放出2个中子，第三代就会放出4个中子，中子以几何级数方式增加，并且这个过程进行得特别快，在极短时间内（不到几个微秒）释放出巨大的能量。

（2）中子按计划控制

反应堆是一种人工控制的自持链式反应装置。它只让这一代轰击铀核的中子数等于上一代轰击铀核的中子。多余的中子，或者是被铀、结构材料和裂变产物"吃掉"，或者被控制棒吸收，

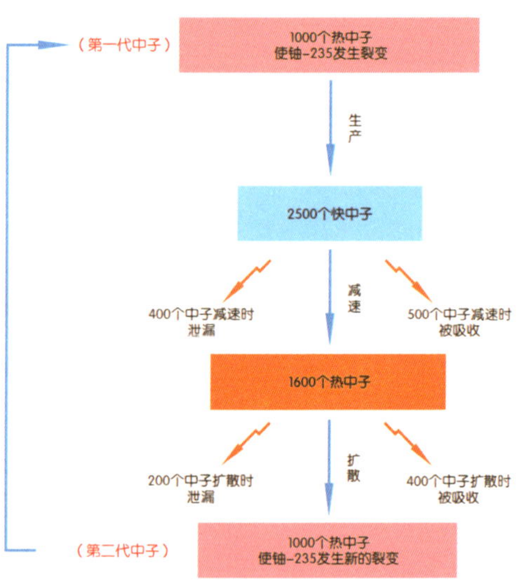

反应堆中的中子平稳的一代一代传下去

或者是泄漏掉了。反应堆中的核反应像接力赛一样只是一个一个地接下去，所以是一种平缓的核反应，均衡地释放出能量。如果一旦发生“过激”现象，由于它有控制棒控制中子，有冷却剂传出热量，有注水、应急冷却、紧急停堆等许多系统分兵把关，许多“把关”的“大将”，就会立刻把它“镇压”下去，确保链式反应平缓地进行。即使这些“大将”没有把“关口”把好，由于反应堆的燃料特性，是“啤酒”类燃料，不是“酒精”类燃料，因此反应堆不可能发生像原子弹那样的爆炸。

（3）链式反应受人控制

原子弹爆炸是炸药引爆，压缩原子弹内铀–235装料，极快进行合并或压实，达到高度超临界，瞬间释放出巨大能量。而反应堆具有一系列保障措施，可靠地控制着反应性。系统故障时，电脑不仅自动报警，而且会显示排除故障的程序。值班人员只要按照电脑指令排除故障即可。如果值班人员排除故障错误，电脑又会自动报警。此外，反应堆还有一系列自动停堆的措施。

10. 核电发展有着广阔前景

（1）人们需要清洁能源

现在全世界有70亿人口，联合国预言，到2050年世界人口将增加到90亿，到2100年可能增加到105亿。随着人口的增长和经济的发展，对能源需求将大量增加，2050年增长2倍，2100年增长3.5倍。这不仅将使地球化石燃料消耗殆尽，而且，化石燃料燃烧释放的污染物，也将使地球不堪重负。人们需要清洁的能源。

一座100万千瓦的核电厂，一年所烧的核燃料只有20～30吨，而一

100万千瓦核电厂与煤电厂燃料量消耗比较

座100万千瓦的煤电厂，一年要烧掉200～300万吨煤。燃烧的煤每天需要约100节火车皮运输，而同样规模的核电厂，全年使用的核燃料只需要几辆卡车运输。

煤电厂不仅"吃"得多，而且"拉"得更多。一座100万千瓦的煤电厂，每年除要排出20多万吨炉渣外，还往大气中排放了600～700万吨二氧化碳、5～10万吨二氧化硫、2～3万吨氮氧化物、3～6千吨一氧化碳和2～3千吨颗粒物，对环境造成了极大的污染。

（2）海水淡化解决缺水

淡水在地球上的储量很少，可供人类直接利用的地表水极其有限，

海水淡化装置

不足地球上水储量的0.25%。缺水危机威胁着世界三分之二的人口，我国许多城市也严重缺水。

海水是无穷无尽的水资源，海水淡化是解决缺水的重要方法。海水淡化目前商用技术是蒸馏和膜技术，这两种技术都需要消耗大量的能量。

反应堆产生的热能或电能，是取代化石燃料进行海水淡化的最佳选择。核能海水淡化始于20世纪70年代初。国际原子能机构成立了国际核能海水淡化顾问组，推动核能海水淡化的研究开发。一座200万千瓦的核供热堆与多效蒸馏淡化工艺相配合进行海水淡化，可以日产淡水达16万吨。

在国际原子能机构的积极推动下，不少国家核能海水淡化研究十分活跃。法国、俄罗斯、韩国、埃及、印度、日本、哈萨克斯坦等国都在发展核能海水淡化工厂，我国清华大学也正计划在山东建核能海水淡化工厂。

（3）用核能制氢

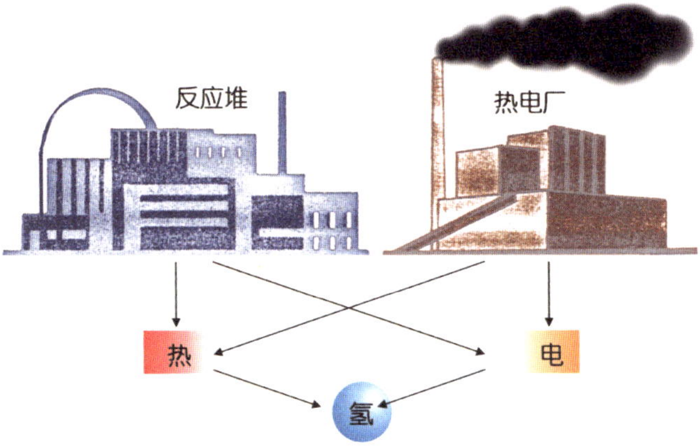

制取氢能

氢可以由燃烧化石燃料所产生的电或热来制备，也可以由反应堆产生的电或热来制备。氢的燃烧热值高，是天然气或石油的2.7倍，是煤的3.5倍。它的燃烧产物是水，没有污染和温室气体效应。氢的用途广泛，它可用做火箭、导弹、汽车、飞机等的燃料，可做成燃料电池使用，也可在未来做成金属氢武器。由于氢的高附加值、保护环境和作为燃料资源的重大作用，氢能的开发利用成为21世纪关注的热点。

（4）华龙一号

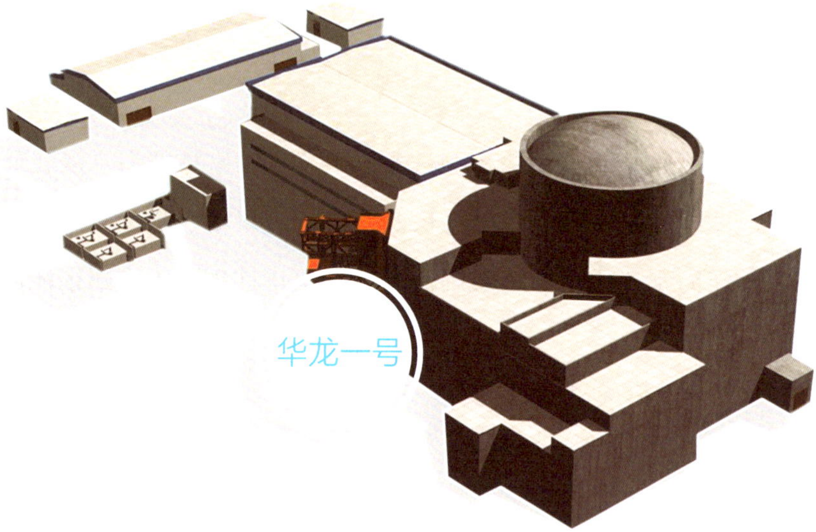

华龙一号

“华龙一号”由中国两大核电企业中国核工业集团和中国广核集团联合开发，研发设计方案已经成型，具备开工建设的条件。该技术融合了“能动与非能动”先进设计理念，主要技术指标和安全指标满足我国和全球最新安全要求，具有完全自主知识产权。

先进性和成熟性的统一：“华龙一号”以“177组燃料组件堆芯”和“三个实体隔离的安全系列”为主要技术特征，采用世界最高安全要求和最新技术标准，满足国际原子能机构的安全要求，满足美国、欧洲三代技术标准，充分利用我国近30年来核电站设计、建设、运营所积累的宝贵经验、技术和人才优势；充分借鉴了包括AP1000、EPR在内的先进核电技术；充分考虑了福岛核事故后国内外的经验反馈，全面落实了核安全监管要求；充分依托业已成熟的我国核电装备制造业体系和能力，采用经验证的成熟技术，实现了集成创新。

安全性和经济性的平衡：“华龙一号”从顶层设计出发，采取了切实有效的提高安全性的措施，满足中国政府对“十三五”及以后新建核电机组“从设计上实际消除大量放射性物质释放的可能性”的2020年远景目标，完全具备应对类似福岛核事故极端工况的能力；“华龙一号”首台套国产化率即可达到90%，基准造价低于2500美元/千瓦，与当前国际订单最多的俄罗斯核电技术产品相比有竞争力，与当前三代主流机型相比具有明显的经济竞争力。

能动和非能动的结合：“华龙一号”在能动安全的基础上采取了有效的非能动安全措施，兼顾了能动的成熟和非能动的优势，是当前核电市场上接受度最高的三代核电机型之一。

第四章
辐射与安全

1. 什么是辐射

辐射是指能量以电磁波或粒子（如α粒子、β粒子等）的形式向外传送。自然界中的一切物体，只要温度在绝对零度（相当于–273.15℃）以上，都会产生辐射，将能量向所有方向直线放射。万物生长所必需的阳光，其本质也是一种辐射，是太阳向我们传递热量的方式。

辐射一般可依其能量的高低及电离物质的能力分类为电离辐射与非电离辐射。

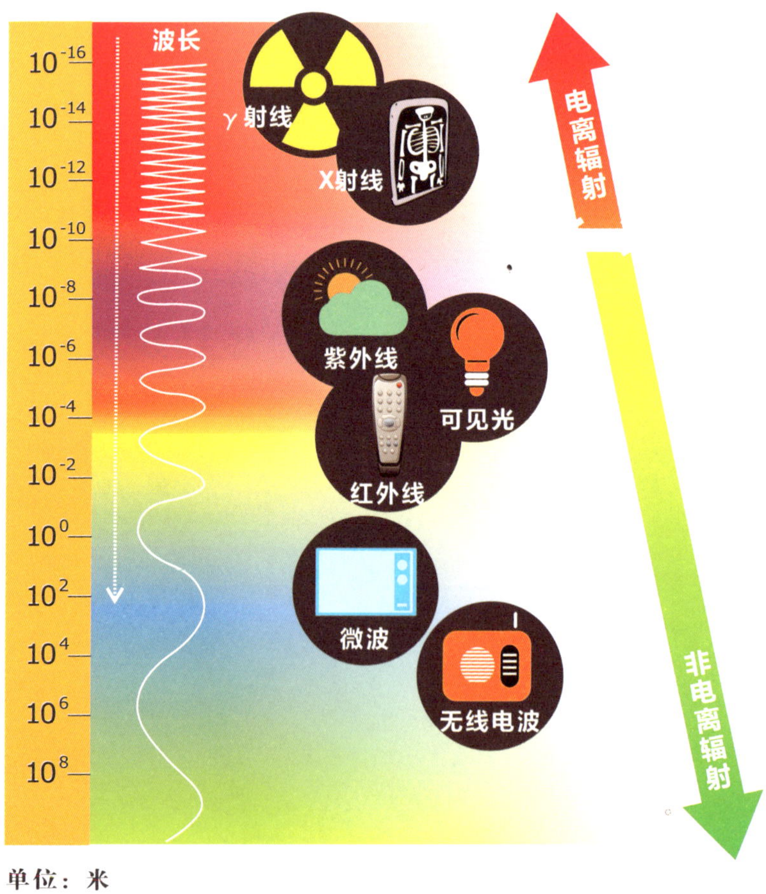

单位：米

电离辐射是指波长短且频率和能量皆高的射线，它们可以从原子或分子里面至少电离出一个电子，从而改变其结构和物理化学性质，我们常说的“核辐射”就属于电离辐射。电离辐射主要包括α、β、X、γ辐射及中子辐射等。

非电离辐射则是低能电磁波，它的能量较电离辐射弱，不能从原子或分子里面电离出电子。只有波长比紫外线波更短的电磁波才具有较高的能量，我们日常生活中的无线电波、微波、红外线、可见光以及紫外线等都属于非电离辐射。

2. 核辐射单位

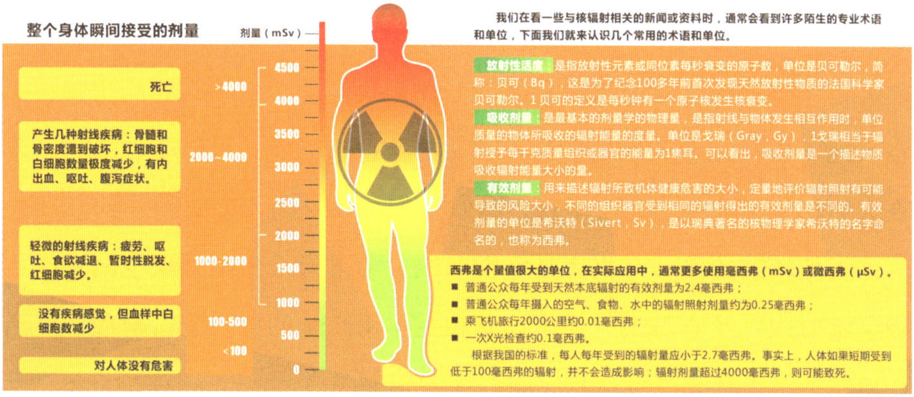

辐射就是从发射体发出的射线。辐射分为天然辐射和人工辐射两种。物体（包括人体）受到辐射照射吸收的量叫“剂量”，剂量的单位是“希沃特”（Sv），简称“希”，1希沃特的千分之一叫“毫希”（mSv）。

根据我国的标准，每人每年受到的辐射量应小于2.7毫希。事实上，人体如果短期受到低于100毫希的辐射，并不会造成影响；辐射剂量超过4 000毫希，则可能致死。

3. 辐射无处不在

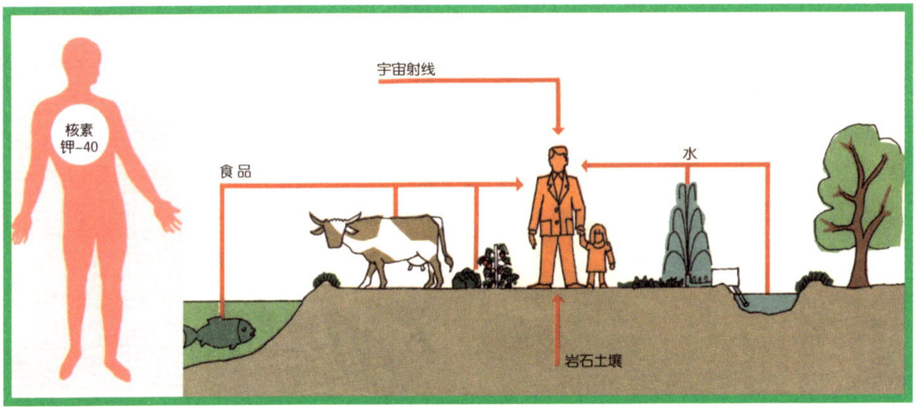

人类生活在辐射环境中

在现实生活中，天然辐射无处不在，我们吃的食物、住的房屋、天空大地、山川草木，乃至人的身体内都存在着辐射。可以说，人类就是在天然辐射的环境中繁衍生息，每时每刻都会受到各种照射的辐射。

天然辐射的第一个来源是宇宙射线。宇宙射线包括外层空间来的初级宇宙射线以及它与大气层中物质相互作用产生的次级宇宙射线，生活在地球上的人都要受到这种宇宙射线的辐射。

天然辐射的第二个来源是土壤、岩石和饮水中的放射性元素。如钾-40、钍、铀、镭和氡等，我们住的房屋、走的路、喝的水、吃的食物、呼吸的空气，都可能含有微量的天然放射性核素。

天然辐射的第三个来源是人体内部本身就含有的放射性核素钾-40。人体是由细胞构成的，细胞是由碳、氢、氧、氮、钠、钾、钙、镁、硫、磷、铁、钼等许许多多的元素组成的。一个成人体内约有100克钾元素，其中万分之一是放射性同位素钾-40。钾-40放出的射线约一半被人体组织吸收了，另一半辐射出体外。

由这些天然辐射造成的对人体的辐照叫做天然本底照射。世界平均天然本底照射剂量为2.42毫希/（人·年），有些高本底的地区可以达到10毫希/（人·年）。其中40%为体外照射，60%为食入、吸入后所引起的体内照射。

还有一种照射是人为照射，称为人工辐射。常见的有做X射线检查、用放射性同位素治病、吸烟、看电视等，都会受到天然本底以外的额外照射。例如，一次胸部透视，剂量为0.02毫希；一次CT检查的剂量更高，可以达到1～10毫希。一个人坐飞机往返北京—欧洲一次，受到的宇宙射线照射剂量约0.1毫希。

4. 电磁辐射对人体的影响

电磁辐射是电磁波，以相互垂直的电场和磁场随时间的变化而传递能量。人类生存的地球本身就是一个大磁场，它表面的热辐射和雷电都可产生电磁辐射，太阳及其他星球也从外层空间源源不断地产生电磁辐射，围绕在人类身边的天然磁场、太阳光、家用电器等都会发出强度不同的辐射。

电磁辐射对人体的影响要根据其强度和频率做具体分析。电磁辐射按照频率分类，从低频率到高频率，包括无线电波、微波、红外线、可见光、紫外线、X射线和γ射线等。X射线和γ射线电离能力很强，属于电离辐射的范畴，而其他电磁辐射电离能力相对较弱。

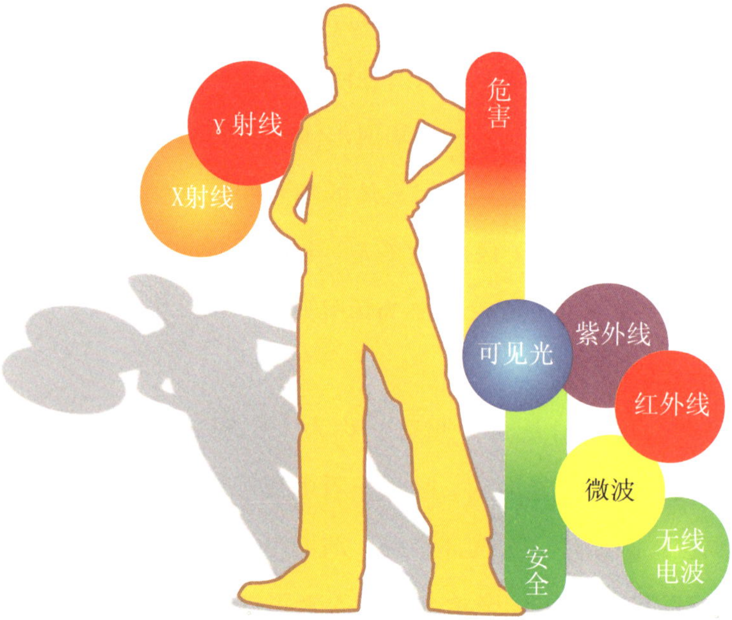

对于较低频率的电磁辐射，从无线电波到紫外线范围内，对人体的影响主要是热效应，例如我们在强烈的阳光下会产生被太阳烧烤的感觉，这就是太阳光对人体产生的热效应。日常生活中常见的手机、电脑等，所用的频段主要是无线电波和微波，属于低频率电磁辐射，目前还没有充分的证据可以说明它们会对人体健康造成危害。

对于频率更高的电磁辐射，如X射线和γ射线，它们具有电离特性，对人体的影响不再限于热效应，而是直接或间接地对人体细胞产生损伤，过量照射则对人体健康有害，所以我们要尽量避免进入高频电磁辐射区域。

5. 常见电离辐射类型

电离辐射是一切能引起物质电离辐射的总称,其种类很多,包括α射

线、β射线、中子辐射以及X射线、γ射线等。

α射线是氦的原子核，由两个质子和两个中子组成，带两个正电荷，是一种带电粒子流。α射线有很强的电离本领，对人体内组织破坏能力较大。然而由于其质量较大，所以穿透能力差，在空气中的射程只有几厘米，只要一张纸或健康的皮肤就能挡住。

β射线是一种高速运动的电子流，带有一个单位的负电荷，质量轻。其电离本领比α射线小得多，但穿透本领更强。对于同样能量的α射线和β射线，α射线的射程是1厘米的话，β射线能够达到10米远。但与X、γ射线比β射线的射程短，很容易被铝箔、有机玻璃等材料吸收。

X射线和γ射线是光子，不带电，无静止质量，是波长很短的电磁波，两者的电离作用较弱，但是穿透力更强，只有足够厚的屏障如铅板等才能阻挡。

6. 核防护设备

日常生活中接收到的放射性对人体并不会造成伤害，我们大可不必过分担忧。但具有某些特定用途的放射源的辐射强度较大，的确对人体健康有伤害性，我们应尽量避免，针对此类核辐射的防护，必须有专业的防护设备。

国家有关法规、标准规定，所有放射性工作场所及放射源包装容器上都必须有放射性警示标志，如右图所示。遇到这样的标志，表明该处有电离辐射存在，要尽可能地避开。

电离辐射标志

当人们需要进行核辐射场所的相关操作，如核电厂放射性的设备检修、核试验、核事故抢险等操作时，需要穿上核辐射防护服。核辐射防护服是由特殊材料制成，对 α 射线、β 射线、γ 射线、X射线等辐射提供屏蔽，从而对人体的健康起到防护作用。

放射源及包装容器

核辐射防护服

7. 远离不必要的放射源

放射源是用放射性物质制成，能产生电离辐射的物质或实体。目前使用的放射源已达近百种，各种放射源的实体大小、形状差异很大，包装容器也是形形色色的。常用的包装容器大多为球形和圆柱形，根据电离辐射性质的不同，一般用铅、铸铁、钢、塑料、石蜡等材料制成。按

尽可能远离放射源

照放射源的封装方式可分为密封源和非密封源。密封放射源是将放射性物质密封在包壳里或放置在紧密覆盖层里，如中子源、α放射源、β放射源、γ放射源等均为密封源。非密封源是没有包壳的放射性物质，其以液态或粉末状直接应用于工业、农业、科研和医疗等领域，如核医学中作为诊断和治疗用的短寿命的放射性核素都是非密封源。

放射源发射出来的射线具有一定的能量，它可以破坏组织细胞，重则引起死亡，轻则伤人肌体。因此我们要做好自我保护，从而防止和减少放射源对人体的伤害。

防止或减少放射源发出的射线对人体的伤害，主要有以下3种防护手段：

距离防护：距离放射源越远，接触的射线就越少，受到的伤害也越小；

屏蔽防护：选取适当的屏蔽材料（如混凝土、铁或铅等）做成屏蔽体遮挡放射源发出的射线；

时间防护：尽可能减少与放射源的接触时间。

在实际中，通常将上述3种防护手段组合应用。

第五章
神奇的核技术

核能和核技术是核领域的两个重要方面，有人把核能喻为“核领域的重工业”，把核技术喻为“核领域的轻工业”。核技术可以有多种用途。同位素与辐射技术是20世纪迅速发展起来的一门高技术产业，是核技术应用的一个重要方面。同位素与辐射技术具有投资少、见效快、收益大、耗能少的特点。由于它具有灵敏、准确、迅速和使用方便等优点，可以帮助人们解决用其他方法无法解决的特殊疑难问题，因此得到了广泛的应用。实践业已证明，同位素与辐射技术的应用，深化了农业的绿色革命，促进了工业的技术改造，提高了人类征服疾病的能力，推动了环保事业的发展。

1. 什么是同位素

大家知道，五彩缤纷的物质世界是由118种元素构成的，各种元素由不同的原子组成，原子由原子核和电子构成，原子核则由质子和中子组成。质子数相同的原子，中子数可以不同，我们把具有相同质子数不同中子数的原子称为同位素，它们在元素周期表中所处的位置相同，就像坐在一张椅子上的“孪生兄弟”，尽管体重不同，模样和所处的位置一样。例如：在自然界中，铀就有铀-234、铀-235和铀-238三个同位素。

大多数同位素的原子核都是不稳定的，会自发的放出电磁辐射或粒子，而转变成另一种原子核，或过渡到另一种状态。能自发地放出射线的同位素，叫作放射性同位素。

放射性同位素在衰变时主要放出α、β和γ射线。这些辐射看不见，摸不着，但可用专门的仪器测量出来。放射性同位素放出的辐射可以作为感知物质及其运动状态的一种手段，因而在放射性示踪、物质成分分析及工业过程监控中发挥着重要的信息获取作用；其次，射线与物

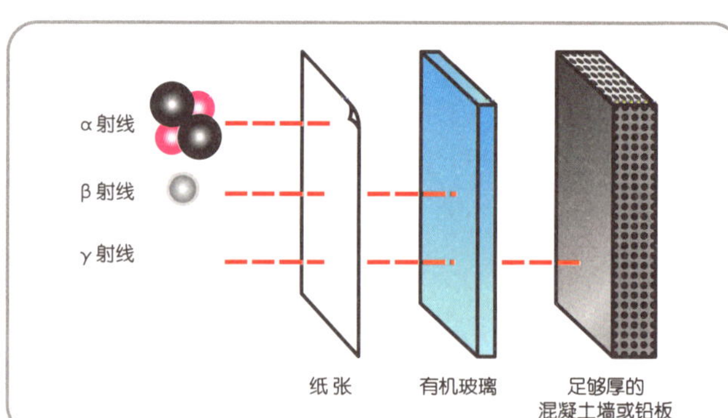

三种射线不同穿射能力

质相互作用产生的物理、化学与生物效应为制作新型物质、材料改性及疾病治疗提供了条件；第三，放射性同位素衰变能本身也是一种能量来源，可在极地、荒原，尤其是航天上作为能源，具有特殊的优越性。

2. 同位素是从哪里来的

迄今为止，人们共发现了118种元素的3100多种同位素，其中稳定同位素有271种，其余都是放射性同位素。稳定同位素大多数存在于自

强流质子回旋加速器

核反应堆

乏燃料水池

然界，而放射性同位素大多数是通过核反应人工制备的。

人工放射性同位素可通过三种途径获得：1.加速器制备；2.核反应堆生产；3.从辐照核燃料及其后处理工艺废液中提取。

3. 核医学

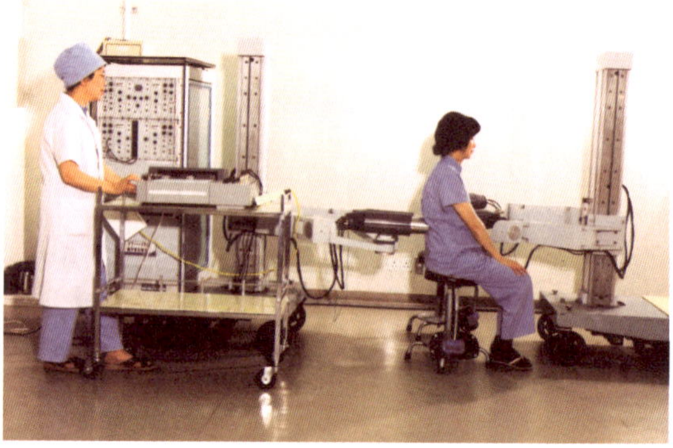
肾功能测定

核医学是放射性同位素在医学领域的应用，利用放射性同位素产生的电离辐射来进行诊断和治疗。它集合了核技术、电子技术、计算机技术、化学、物理和生物学等现代科学技术，是放射诊疗的重要组成部分。核医学诊疗方法还是重要的医学研究手段，通常新药在试用于临床之前，都要用放射性同位素加以标记，以研究药物代谢的规律。

（1）诊断病变的"核侦探"

应用核医学检查，不仅能无创伤性地显示机体内不同器官组织的形态结构，而且同时可以分析组织的生理及代谢变化，对器官组织的功能做出判断，具有安全、可靠、快速、灵敏等优点。

锝-99m药物：核医学临床诊断中应用最广泛的放射性核素是锝-99m，它的半衰期短（6.02小时），1毫居里的锝-99m衰变后仅生成不到千亿分之一克的锝-99，因此化学中毒的可能性很小，安全可靠。利用配套药盒可将锝-99m制成各种不同的标记化合物，这些化合物对体内脏器组织具有选择性，可将锝-99m带到不同的脏器组织。给患者静脉注射锝-99m标记的放射性药物，利用计算机单光子断层显像仪在体外加以测量，根据显像图上显示的脏器大小、位置、形态及放射性分布情况，便可诊断出人体脏器和组织如大脑、心肌、肾、骨骼、肺、淋巴、甲状腺等的疾病，具有安全、可靠、灵敏度高，可进行动态、定量观测等优点。

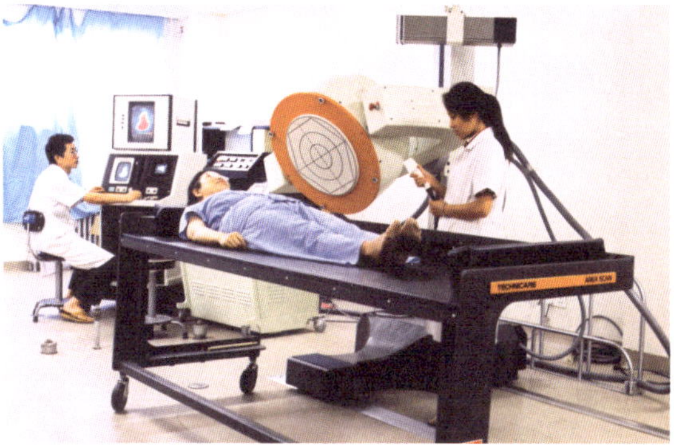

γ 相机诊断

正电子发射计算机断层显像：正电子发射计算机断层显像（PET）是目前所有显像技术中最有前途的显像技术之一。我们知道，许多疾病的发生、发展过程往往是生理、生化方面的变化早于病理、解剖方面的变化。PET的生命力就在于它是活体生物化学显像，因而在病变的早期就可以发现。它所使用的放射性核素如碳-11、氮-13、氧-15等都是人体的重要组成元素的同位素，可以代替相应机体分子中的碳、氮、氧原子，而不会改变分子的结构和生化特性。PET可以显示正常和异常情况下活体组织的生化变化，确定病变的性质及恶性程度，预测病理并直接指导治疗。如用回旋加速器生产的氟-18-FDG等正电子显像药物可对患者进行脑受体显像和脑代谢显像，揭示脑功能的

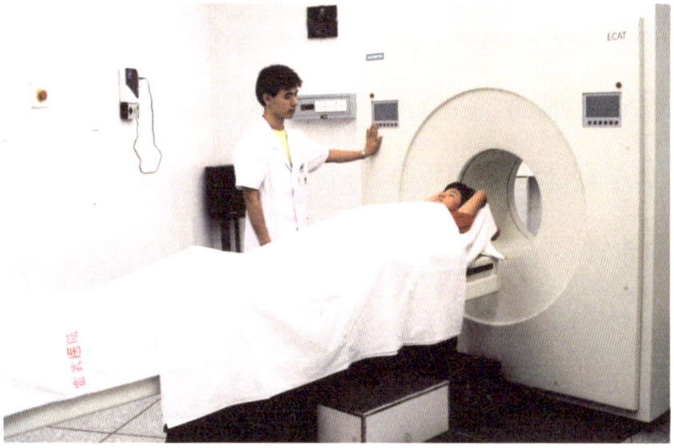

正电子发射计算机断层显像

实质、药物作用机理及疗效，直接显示人脑的代谢情况，并探知人类的视听、思维过程。因此，可以说，PET在核医学史上是一个划时代的里程碑。

放免药盒：放射免疫分析是以放射性核素标记的配体为示踪剂，在体外完成的微量生物活性物质检测技术。具有灵敏度高、特异性强、准确度好、操作简便及应用广泛等特点。使用放射免疫分析药盒进行疾病检测，是一项放射性核素不进入人体内即可进行超微量生物活性物质测量的技术。体外放射免疫分析技术广泛应用于基础及临床医学的各个领域，如药理学、药物学、生理学、肿瘤学、生物化学、免疫学、血液学、妇产科学、儿科学、法医学等。据统计，用体外放射免疫分析技术可测定体内各种微量生物活性物质如激素蛋白质、环磷酸腺苷、抗原、抗体、维生素和药物达300种以上，成为临床不可缺少的手段。

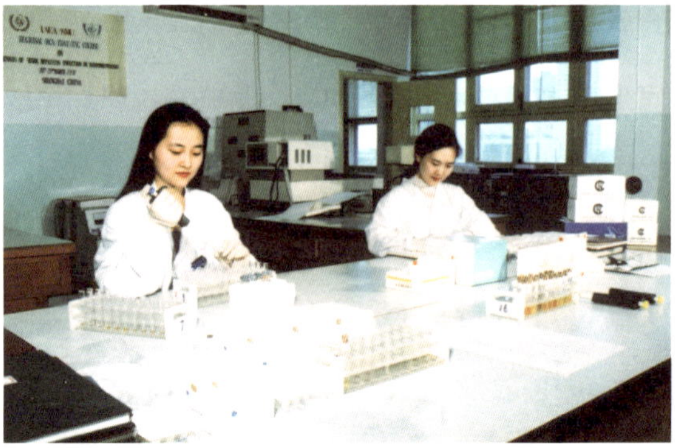
放射免疫分析

（2）征服癌症的曙光

用同位素、重离子、中子进行肿瘤的放射治疗是目前临床上较为理想的治疗手段。放射治疗是使用放射源或将放射性核素引入体内，

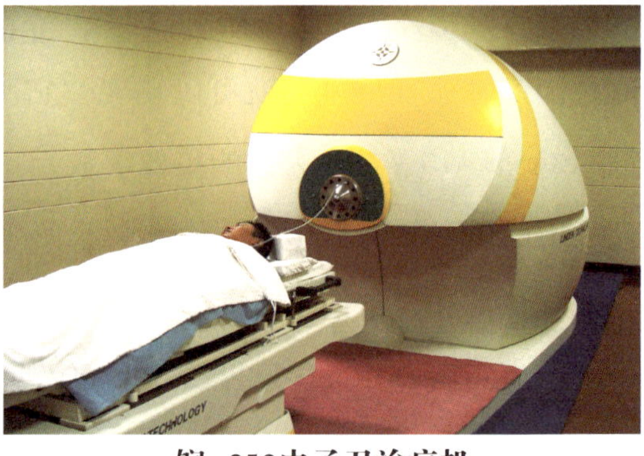
锎-252中子刀治疗机

利用其发出的射线的电离作用破坏病变组织或改变组织代谢，杀伤病变细胞而达到治疗的目的。其特点是患者无痛苦，安全、简便、疗效好、并发症少，对许多疾病的治疗有着不可替代的作用。

重离子治癌：重离子治癌是当代公认的先进有效的放疗方法，所谓重离子，是指重于2号元素氦并被电离的粒子。与常规放疗射线相比，重离子以其在物质中的剂量集中于射程末端的物理学特性和高的相对生物学效应，用于治癌时具有明显的优势：对病灶周围健康组织损伤最小，对癌细胞杀伤效果最佳，在线精确监控照射位置和剂量，疗程短、无痛苦，几乎没有副作用。因此，重离子被国际上公认为21世纪最理想的放疗用射线，特别适宜于外科手术、化疗、常规放疗无效或易复发的难治病例。

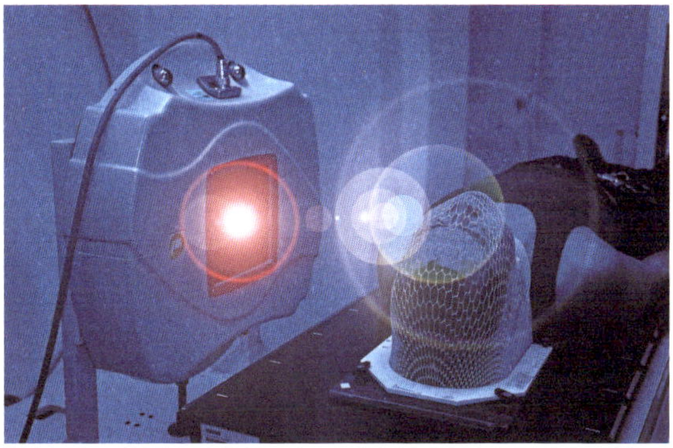

重离子肿瘤治疗装置

γ 刀：用 γ 刀治疗脑部肿瘤是一种不开颅治疗颅内病灶的新技术。在设备内腔的球体上装有201个钴-60放射源，它们发出的射线汇集在球体的中心点。治疗时，将病人的头部安放在球体中，使病灶进入射线的聚

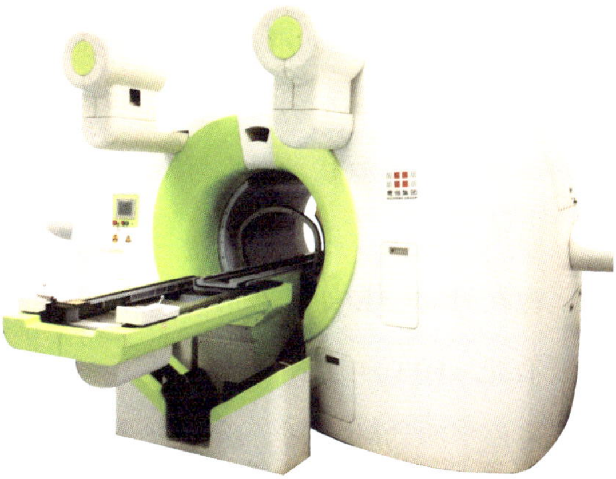

钴-60 γ 刀治疗机

焦区进行照射，其产生的极大能量足以摧毁病变组织。射线只照射病变组织，不会伤及正常组织。这是一种安全有效的颅内肿瘤治疗技术。

医院中子照射器：该装置将微型反应堆技术与硼中子俘获疗法密切结合，用于恶性脑瘤和其他肿瘤的临床治疗。治疗时，先将一种含硼化合物注射进入人体，通过血液循环进入脑内肿瘤，当用中子束照射患者肿瘤，中子与硼发生核反应，可以杀死一定范围内的肿瘤细胞，从而达到治疗目的。

医院中子照射器控制室

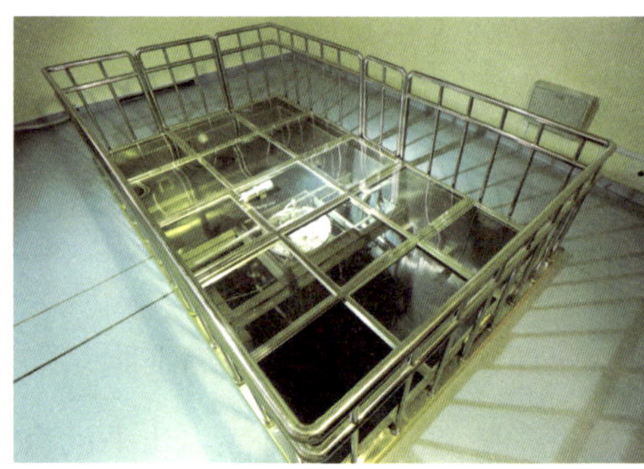

医院中子照射器微型反应堆

放射性核素内介入治疗：将放射性核素直接介入病灶，该方法具有创伤小、手术简单、疗效好的特点。例如冠状动脉狭窄治疗，以前需要做开胸搭桥的大手术，现在只需经颈动脉或股动脉将镀有钯-103的放射性支架插入，将狭窄的动脉撑开。由于射线抑制了血管内壁平滑肌细胞和内膜细胞增生，使血管保持畅通，临床治疗效果很好。在腔内肿瘤治疗方面，

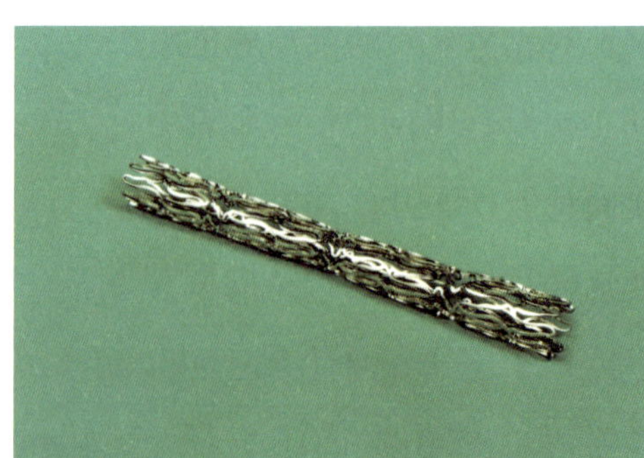

钯-103放射性支架

内介入治疗也是有力的武器。如用碘-131治疗甲状腺癌、钇-90-GTMS治疗肝癌、钐-153-EDTMP治疗骨转移癌，都取得了较好的效果。

4. 忠诚的卫士

同位素与辐射技术在打击走私和恐怖主义活动、保障人民生命安全和健康方面发挥了重要作用。

（1）放射性物质及爆炸物检查系统

世博会使用的放射性物质检测装置

奥运会“鸟巢”看台使用的深层爆炸物检测装置

打击恐怖分子利用放射性物质危害社会，阻止放射性物品的非法转移。可对行人、行李、包裹、车辆等是否携带放射性物质和爆炸物进行实时检查。该系统成功应用于北京奥运会和上海世博会等大型赛事和重要活动。

（2）反恐核侦查车

高灵敏快速识别反恐核侦查车是为保证北京奥运会成功举办研制的高度集成的核反恐、核应急快速响应系统，可进行核与辐射反恐巡查和核与辐射突发事件的应

反恐核侦察车

急监测。具有摄像、核监测数据、GPS、电子地图导航的实时数据传输等功能，是反恐的有力武器。

(3) 杀灭炭疽菌的利器

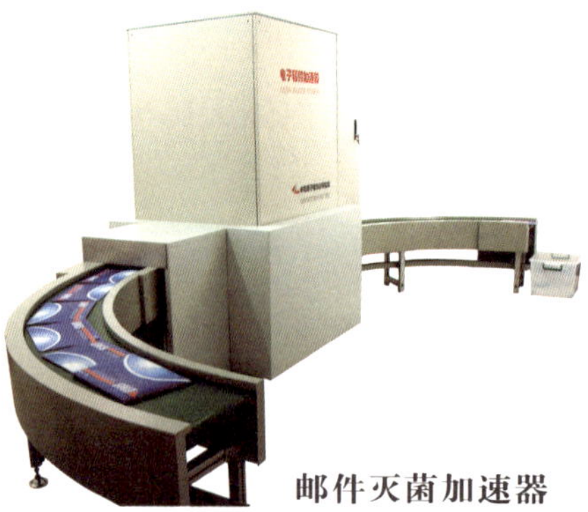

邮件灭菌加速器

美国"9·11"事件后，炭疽菌震惊了全世界。为什么炭疽菌如此可怕？专家告诉我们说，炭疽菌以孢子形式传播，那些几乎无生命的孢子藏在邮件里，无论是严冬或酷暑，外界的变化对它们都不起作用，孢子们在静静地等待时机，一旦被人们接触，它们就会成为致命病菌。为杀灭炭疽菌，我国自行开发研制了自屏蔽式电子束辐射灭菌加速器。加速器电子枪发射出高功率的电磁波，当传送带上的被照射物品通过高能电子帘辐射区后，被辐照物品中的生物细菌就会被全部杀死，可杀灭邮件、邮包中的炭疽菌、天花、鼠疫等生物细菌，经过处理的邮件和物品不会残留任何放射性。

(4) 打击走私犯罪的集装箱检查系统

近年来，作为国际货运的主要方式，集装箱运输在带来快捷、方便的同时，也被一些不法之徒用来走私货物、贩卖毒品、偷运武器和爆炸物，严重威胁着国家的经济秩序和社会安全。利用加速器或钴-60做射线源的集装箱检查系统可有效打击这些犯罪活动。该系统由射线源、探测器、图像处理系统、拖动系统、控制系统和辐射防护与安全系统六部分组成。使用钴-60集装箱检查系统，当集装箱通过时，快门自动打开，钴-60发出的 γ 射线被准直器约束成扇形片状窄束，穿过集装箱到

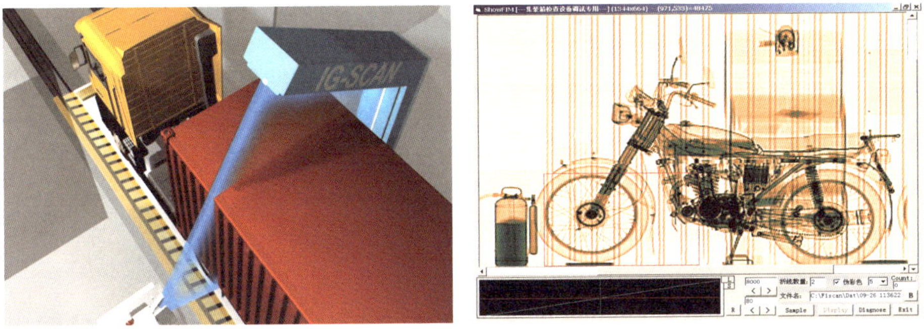

钴-60集装箱检查系统

达探测器。探测器将接收到的γ射线转换成电信号，送到计算机进行图像处理，可在屏幕上将集装箱内隐藏的走私品、毒品、武器和炸药等显示的一清二楚。有效地打击了走私犯罪活动。

（5）为鲜活农产品运输保驾护航

为建立顺畅、便捷的鲜活农产品流通网络，促进农民增收，国家在高速公路设立了绿色通道，对装载鲜活农产品车辆免收或减收通行费。但近年来，假冒绿色通道车辆逃漏通行费的行为猖獗，给高速公路的正常运营带来不利影响。为打击和震慑不法分子，研制了高速公路绿色通道车辆检查系统。该系统利用射线辐射成像原理，将车辆内部物品的轮廓和形态呈现在计算机屏幕上，具有检查速度快、准确性高、安全性高、图像清晰、节省成本的特

绿色通道检查系统

点。自2010年起，绿色通道检查设备已在全国13个省、市、自治区投入运行，有力地打击了借用绿色通道政策，偷逃通行费的行为，挽回了收费损失，规范了收费秩序。

5. 用途广泛的核能源

核动力是利用可控核反应来获取能量，从而得到动力，热量和电能。利用核反应来获取能量的原理是：当裂变材料(例如铀-235)在受人为控制的条件下发生核裂变时，核能就会以热的形式被释放出来，这些热量会被用来驱动蒸汽机，蒸汽机带动汽轮发电机来产生电能（核电站）；也可直接转换成电能或机械能（空间堆）。核动力除大规模用于核电站外，也可用于潜艇、航空母舰和人造飞船。

核动力飞船是使用核电源的人造航空器。核电源工作寿命长，性能可靠，不需要光照，能提供较大的功率。飞船用的核电源有两类：放射性同位素电池和空间核反应堆电源。前者功率较小，为几十至几百瓦，后者功率较大，可达几兆瓦甚至几十兆瓦。

（1）放射性同位素能源

放射性同位素电池是20世纪60年代迅速发展起来的一种电池。它是把放射性核素的衰变能转换成电能的一种发电装置，与其他电源相比，放射性同位素电池具有寿命长、体积小、结构紧凑、比容量高、工作可靠和不受周围环境的影响等优点。可作为人造卫星、宇宙飞船、海洋工程、陆地无人管理气象站等设施的使用电源。其

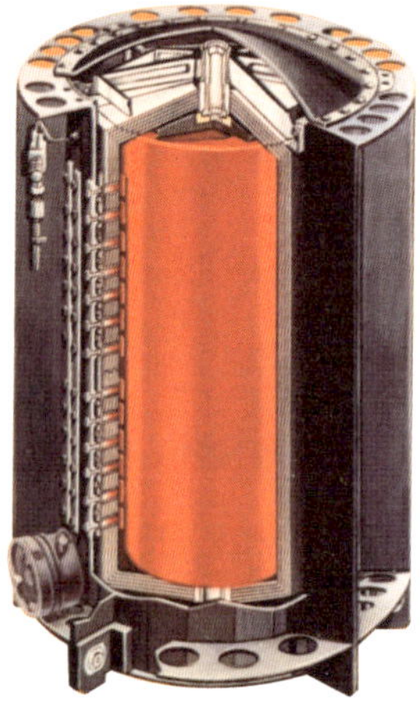
同位素电池

功率一般在瓦级到数百瓦级之间。其常用的核素有钚-238、钋-210等。

飞过土星的“旅行者一号”

1977年，美国发射了携带钚-238核电池的“旅行者一号”航天器，发回了木星、土星的详细照片。目前，它已飞行了38年，离开了太阳系，到达了从来没有探测器到达过的宇宙空间，核电池将保证旅行者号上搭载的科学仪器继续工作到2025年。是人类科学发展史上的里程碑。

2013年，我国“嫦娥三号”携带同位素热源飞天。为应对月夜零下150摄氏度以下的低温，防止仪器设备冻坏，“嫦娥三号”采用了放射性同位素热源。其中有效载荷分系统共使用2枚，粒子激发X射线谱仪和极紫外相机各使用一枚。这是中国航天探测活动中首次应用核能。

“嫦娥三号”着陆器和巡视器

（2）空间核反应堆电源

空间核反应堆电源把核反应堆的裂变热能转换成电能，为航天器供电或作为航天器的推进动力。根据任务需求空间核反应堆电源的功率范围可以从几千瓦到几兆瓦甚至几十兆瓦。空间堆的特殊要求是：重量要轻，寿命要长，可靠性要高，还要有足够大的功率。现在空间核反应堆电源已经逐渐成为深空探测不可替代的空间电源。

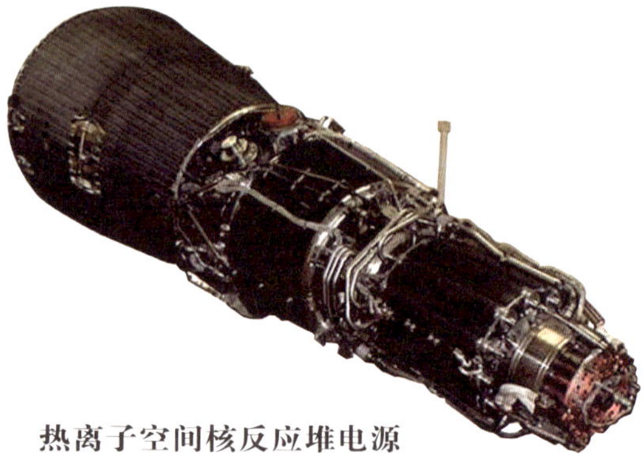
热离子空间核反应堆电源

空间核反应堆电源的能量转换有静态（裂变热能直接转换成电能）和动态（裂变热能先转换成机械能再转换成电能）两种转换方式。例如俄罗斯的“TOPAZ”型空间核反应堆电源，采取的热离子（静态）转换；而兆瓦级核动力飞船的空间核反应堆电源就是采用的布雷顿循环（动态）转换。

空间核反应堆电源是自主电源，其最大优势就是易于实现大功率供电。在高功率情况下，空间核反应堆电源优于太阳能电池阵—蓄电池组联合供电；空间核反应堆电源的重量轻、体积小、比面积小、阻力小；不依赖于太阳辐射能和对日定向，可全天候连续工作；环境适应性好，生存能力强，可以在尘埃、高温、辐射等恶劣条件下工作。

到现在为止，美国和俄罗斯已经成功发射了30多颗空间核反应堆电源。俄罗斯的兆瓦级核动力飞船正在紧张地研发中。

6. 明察秋毫的同位素仪表

同位素仪表作为一种先进的非接触监测手段，广泛用于钢铁、矿

钢板镀层厚度测量系统

山、石油、造纸、建材、资源勘探等领域。为促进传统产业的技术改造和进步，实现工业过程的现场实时控制与生产自动化做出了贡献。

（1）消除静电的好帮手

在工业生产过程中，由于摩擦、剥离等产生的静电给生产带来一系列危害，轻者使操作人员受电击、产品质量下降、废品增加，重者引起火灾和爆炸。钋–210放射性静电消除器可有效地解决这一生产难题。将它安放在可能产生静电的地方，钋–210发出的α射线能使空气电离，产生正负离子变成导体，这样在产生静电物体表面和消除器之间形成通路，这些离子中和了物体表面的静电荷，从而消除了静电。在造纸、印刷、纺织、卷烟生产中应用，效果显著。

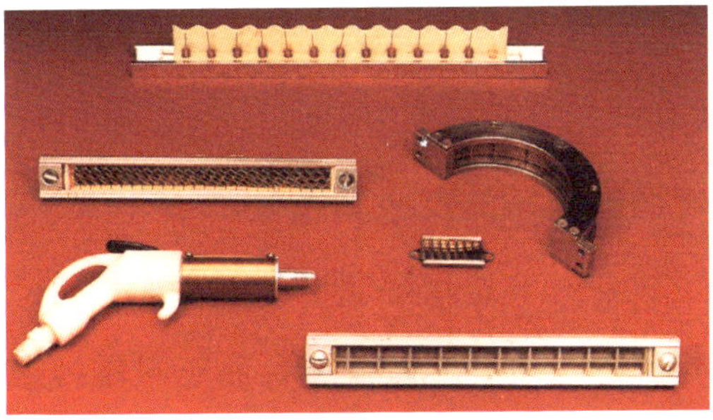
钋–210静电消除器

（2）灵敏可靠的报警员

现代社会，高楼林立，如何防范火灾，成为人们必须面对的现实。采用α源制成的离子感烟报警器，可探测到人眼看不到微粒组成的烟雾。它根

镅–241火灾报警系统

据烟雾使离子电流产生变化的原理，可在阴燃生烟阶段，自动发生出报警信号并打开淋水喷头，把火扑灭在未成灾阶段。现已在宾馆、饭店、写字楼等高层建筑和家庭中得到广泛使用。

7. 能力超群的辐射加工

辐照电缆生产线

辐射加工是采用电离辐射对材料进行加工处理的一种工艺过程。其主要优点在于：加工温升小，有利于热敏材料的加工；电离辐射的穿透性可对包装好的物品进行处理，或实现固体物质的反应与改性；加工体系内不需催化剂和化学添加剂，产品纯净、无化学残留；加工过程控制方便而且高效快速，易于实现规模化连续生产。主要应用于生产辐射交联的电线电缆、热缩材料、印染助剂发泡材料，进行辐射固化、新材料制备等。

天安门广场的辐照加工电缆

辐照交联产品

随着我国核电、航天、水电等重大工程的不断上马，对电缆的耐热、耐寒、耐辐射、耐腐蚀等要求也越来越高。采用高能射线（钴-60或加速器射线）辐射加工聚乙稀电缆，对高分子材料进行改性，大大提高了电线电缆的使用性能。与普通电缆相比，辐照交联电缆阻燃性、载流量、绝缘性能和使用寿命都显著提高，已成为我国低压电线电缆产品的主流品种。这种电缆已广泛应用于大亚湾核电站、“神舟5号”航天工程、三峡水利枢纽、庆祝建国50周年天安门广场改造等国家重点工程等。

8. 神通广大的示踪技术

放射性同位素示踪技术是同位素技术应用的一个重要方面。利用放射性同位素作为示踪剂，可以了解人们看不见、摸不着的一些物理变化和化学变化，在化工、石油、冶金、机械、水利等众多领域发挥了重要作用。

（1）为石油高产作贡献

我国90%以上的油田是注水采油，经过多年开采，水淹水患普遍严重。为了更好地挖掘老油田潜力，科研人员研制出一种钡–131放射性示踪微球，为测定注水井吸水剖面提供了一种有效的工具。测井时，利用定位释放器，把具有一定活度的放射性示踪微球在井下释放，于是示踪微球便随注水进入不同渗透性的地层表面，形成均匀的扩散层，当水流到哪里，微球便跟到哪里发出辐射信号，随后，用探测器沿注水井进行放射性测量，便可了解注水在地层的分布、流向和作用，为油田的合理开发和综合治理提供了科学依据。近年来，又根据我国中晚期油田增多的情况，研制出

钡–131放射性示踪微球测井

氚标记正丁醇等示踪剂，对油田的剩余油饱合度进行测定，对我国石油工业的稳产、高产，发挥了作用。

（2）航道疏浚的侦察兵

国家每年花数千万元用于长江口泥沙的疏浚，为了了解泥沙的运行规律，南京水科院在长江上游投放含钪-46同位素的石英砂，然后用闪烁探测器进行跟踪观察，为长江口深水航道的治理与全天候深水航道的建设提供了重要技术数据，采用此项技术疏浚治理后，十万吨货轮可通过长江口直抵上海宝山钢厂码头。

用钪-46石英砂观测长江航道泥沙沉积

（3）解开趵突泉断流之谜

济南趵突泉驰名中外，喷泉高达数尺。但在20世纪80年代末期，自然喷涌的奇观消失。为解开趵突泉断流之谜，1990年采用同位素示踪法，初步弄清了趵突泉群地下水的状态、补给来源和运行规律，为济南泉城保泉供水提供了科学依据。经采取措施，趵突泉终于再现往日风姿。这项大规模的示踪试验研究示踪剂的运移距离达几十千米，运移深度达700米，其研究成果达到世界先进水平。

济南趵突泉

9. 病毒细菌的“快速杀手”

电离辐射在对工业原材料、一次性医疗用品和卫生用品等进行消毒灭菌方面有其独特的作用，对保障人民健康和提高医疗卫生水平发挥了重要的作用。

医疗卫生用品、中成药消毒：钴–60 γ 源或加速器辐照装置具有射线穿透力强、效率高、操作方便等优点，用于对一次性医疗卫生用品、中成药的辐射消毒，可达到彻底灭菌、无污染、无残留的效果。

加速器辐照灭菌

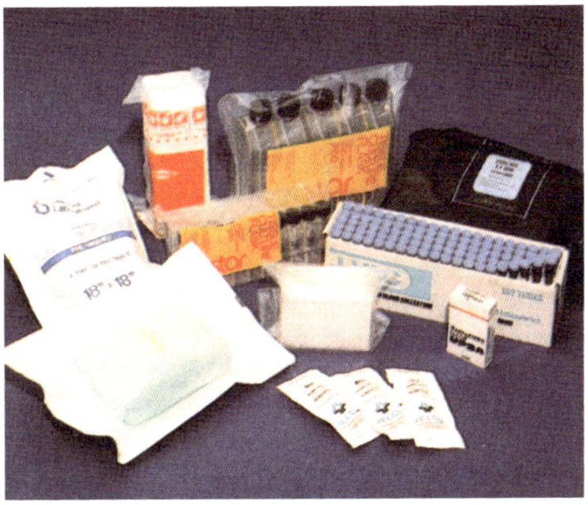

辐照医疗用品

10. 环境保护的有力武器

辐照加速器

随着世界工业经济的发展，人类在创造丰富的物质财富的同时，也给地球造成了严重污染。为了改善人类生存环境，推动社会、经济的可持续发展，世界各国已普遍重视并联合行动对环境进行治理。采用辐射技术可处理城市和工业的废气、废水和固体废弃物。

（1）烟气脱硫

采用电子束技术处理热电厂烟道气，使之脱二氧化硫和氮氧化物。副产品硫铵、硝铵可作为化肥销售。

加速器处理烟道气脱硫

（2）废物处理

辐射能处理城市生活垃圾、医院固体废物和工业废水。回收有用材料，彻底灭菌和处理废水中有害氯化合物、有毒重金属及二恶英等有害物质，达到排放标准。

加速器辐照处理工业废水

11. 核技术在农业上的应用

农业核技术是现代农业科技发展的重要领域之一，我国早在20世纪50年代就开展同位素与辐射技术应用于作物育种、土壤肥料、病虫害防治、畜牧、水产和农业环境保护等领域的研究，对农业科学技术进步和农业生产的发展生了深刻影响，取得了显著的经济效益和社会效益。

（1）大有可为的辐射育种

利用辐射诱变技术选育农作物新品种，利用放射性同位素放出的α、β、γ和中子射线及加速器产生的电子束，照射农作物的种子、花粉、植株或枝条等，引起农作物内部的遗传基因的改变，从而产生各种各样的变异甚至是自然界没有的变异。辐照过的种子、植株，经过人工几代选择和培育，便可获得新的优良品种。我国农作物辐射育种成绩斐然，诱变育成突变品种占世界诱变品种总数的25%以上。突变品种的种植面积在900万公顷以上，先后有18个品种获国家发明奖，如："鲁棉一号"、水稻原丰早、小麦山农辐63等。每年为国家增加粮食30亿～40千克亿千克，棉花1.5亿～1.8亿千克，油料0.75亿千克，创经济效益每年达33.2亿元。

浙江农大育成水稻新品种"浙辐802"连续9年居全国常规稻推广之首，累计种植面积达1050万公顷，成为世界上推广面积最大的水稻突变品种。中国农科院原子能利用研究所利用辐射诱变和花药培养方法，选育出大穗、矮杆、抗病的超高产小麦新品系"H92-112"，产量达9吨/公顷左右。山东省家科院原子能利用研究所继"鲁棉一号"之后，利用辐射诱变和常规育种方法相结合，选育出具有陆地棉和海岛棉性状的长绒棉新品系"鲁棉343"，其最大绒长达36.4毫米，并适宜在黄淮棉区种植，是我国在选育改良长绒棉花品种研究中的一个突破进展。

近年来，我国又利用返回式卫星和神舟飞船搭载农作物种子进行航天育农的研究，利用宇宙射线、微重力、高真空、交变磁场对种子进行诱变作用产生有益变异。选育出高产、优质、抗逆性强的水稻、小麦、棉花、油菜、蔬菜、花卉、牧草等新品种，已累计推广面积几千万公

我国第一个应用原子能辐照技术育成的旱稻品种"原丰早"水稻

我国太空育种的成果

顷，获得很大的经济效益和社会效益。

（2）神奇的农业示踪

同位素示踪技术在农业中的应用是核农学研究的重要组成部分。同位素示踪技术的应用是多方面的。主要用于揭示和阐明农业生产过程中各种因素的作用机理，为农业技术的实施、环境评价及宏观管理提供科学依据。

用示踪剂研究化肥在植物体内的分配和运转，了解营养元素被作物吸收的过程，指导合理施肥。

用示踪技术研究农药等有毒有害物质在生态环境中的迁移规律及污染物与环境因子相互作用机理，对农业的生态环境进行控制和治理。

（3）防治害虫的"生力军"

昆虫辐射不育技术，是一项无公害的生物防治新技术。它利用钴-60，铯-137放出的γ射线或加速器产生的电子束，对害虫的虫蛹或成虫进行一定剂量的照射，使其雄虫失去生殖机能，从而断子绝孙，它既可灭绝害虫又不产生公害。

我国自20世纪60年代以来，先后对玉米螟、蚕蛆蝇、小菜蛾、柑桔大实蝇、棉铃虫等10多种害虫进行辐射不育研究、工厂化饲养和大面积

辐射不育治理柑桔大实蝇

田间释放，效果达90%以上。特别是对柑桔大实蝇的人工饲养成功并在贵州惠水县1.8公顷计10多万株柑桔树的桔园内，连续释放160多万头不育虫蝇，将柑桔大实蝇的受害率由释放前的5.19%下降到0.098%，柑桔年产量由23.7万千克上升到50.3万千克，取得显著效果。

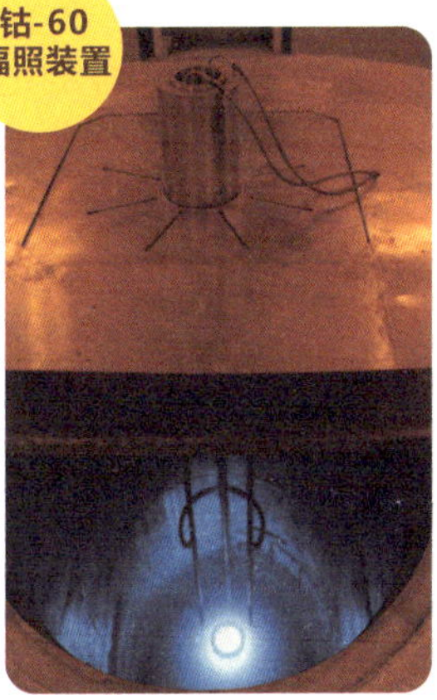
A 钴-60辐照装置

（4）辐照保鲜的新技术

食品辐照加工技术是应用γ射线或电子束杀死食品中的寄生虫和致病菌，提高食品的卫生质量和延长食品保藏期，而不影响食品的品质。它是继食品罐藏加热、冷冻保藏技术之后的一种食品加工新技术。1984年以来，我国开始辐照大蒜、马铃薯、洋葱、白薯酒和肉制品。目前全国已有28个省、市、自治区200多个单位分别对200多种食品进行了辐照保鲜、杀虫灭菌、改善品质方面的研究，国家已批准18种辐照食品上市，年辐照食品总量达10万吨，居世界第一。

B 水果辐照保鲜

C 粮食辐照保藏

辐照食品销售 D

12. 考古分析本领大

科学家们测定远古时代动植物遗体的年代和巨大地质变化，例如北京猿人、火山爆发、大地震或山洪爆发等自然现象，只需要找到当时被埋没的遗骸和样品，通过测定其中铀-238自发裂变径迹和碳-14的浓度，就可以获得准确的结论。

（1）破解光绪死因

光绪"龙袍"

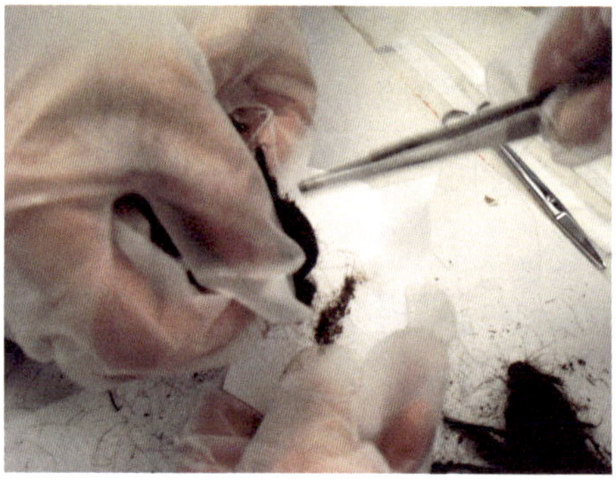

检测光绪头发样品

光绪皇帝的死因，是近代史上的一桩谜案。从2003年开始，历时5年，采用中子活化分析等方法，对清西陵文物管理处提供的光绪皇帝遗体的头发、遗骨、衣服以及墓内外环境样品进行了反复的检测、分析，最终确证：光绪皇帝突然"驾崩"系急性胃肠型砒霜中毒。至此，百年疑案得以破解。

（2）测定"北京猿人"年代

"北京猿人"头盖骨

北京猿人

周口店北京猿人遗址的发现是世界人类学研究史上一个重大事件，但对其年代一直众说纷纭。1978年，采用核固体径迹探测方法，测量猿人洞第十层猿人用火留下的灰烬层中榍石的铀–238自发裂变径迹，做出了北京猿人生存年代为46.2万年的结论，得到了世界的公认。

（3）揭开“耶稣裹尸布”之谜

据记载，公元初年，耶稣被门徒犹大出卖，当权者将其钉在十字架上，后来信徒发现耶稣死而复生，只留下了一块裹尸布。这块裹尸布由意大利都灵大教堂珍藏，受到了信徒们的顶礼膜拜。由于社会上对耶稣裹尸布的真伪众说纷纭，1986年，梵蒂冈终于同意用碳–14年代测定法来辨别裹尸布的真伪，结果证明，这块裹尸布的年代，大约在公元12至13世纪之间的可能性为95%，是中世纪的赝品。这个存在几世纪的历史悬案，就这样被放射性同位素测定法解决了。

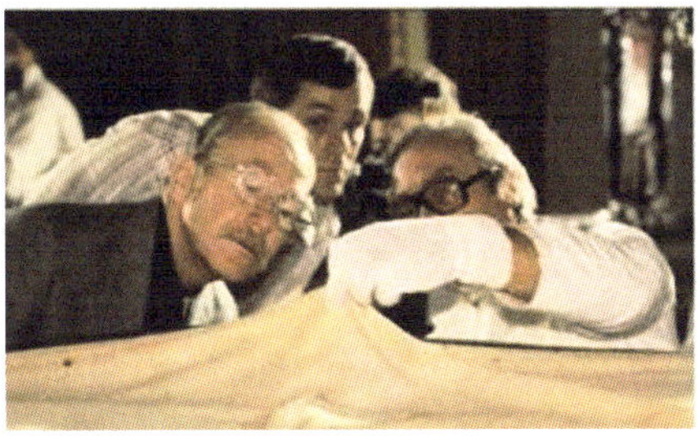

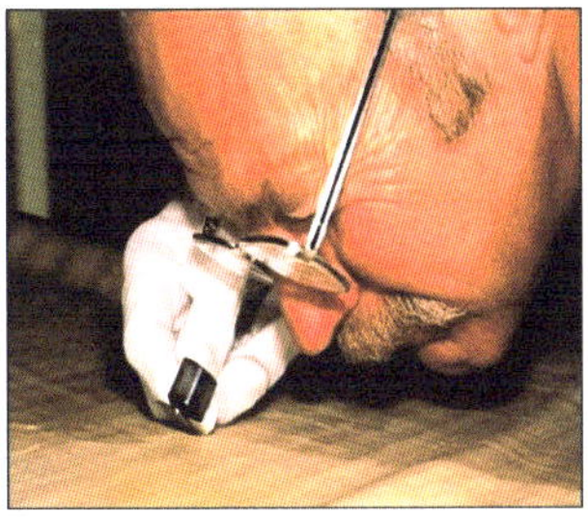

检测“耶稣裹尸布”

第六章
核科技的未来

核科学技术的发展和应用已走过了百年的历程，取得了令人瞩目的成就。进入21世纪，国际风云不断变化，科学技术迅猛发展。从世界范围来看，无论是军用还是民用，核科学技术仍然是关系到国家和民族根本利益的战略高新技术。在全面建成小康社会的进程中，核科学技术将首先关注国家面临的紧迫挑战：资源匮乏、环境恶化……努力寻求改善人们的生活质量和促进社会的可持续发展。党和国家非常重视，专门制定了加大核电建设力度的发展规划，并决定组织实施民用非动力核技术高技术产业化专项。核能、核技术不但在国家安全、经济建设方面发挥着重要作用，而且还将越来越走近我们的生活，我国核科学技术正在迎来一个新的发展机遇。

1. 地球面临的能源现状

人类赖于生存的能源并非是取之不尽用之不竭的。进入21世纪后，依靠人类目前的技术,可开发的能源资源已面临严重不足的危机，当今煤、石油和天然气等矿石燃料资源日益枯竭，据世界能源会议统计，世界已探明可采煤炭储量共计15980亿吨，预计还可开采200年；探明可采石油储量共计1211亿吨，预计还可开采30～40年；探明可采天然气储量共计119万亿米^3，预计还可开采60年。新能源中，太阳能虽然用之不竭，但代价太高，并且就目前的技术发展情况来看，相当长一段时间里还不可能迅速发展和广泛使用，其他新能源也是如此，它们的规模受到环境、季节、地理位置等条件的限制，如风能、潮汐能、地热能等等。核能分为裂变能和聚变能两种。目前人类已经和平利用的只有裂变能，即核电站。但裂变需要的铀等重金属元素在地球上的含量也是很有限的。

2. 什么是核聚变？研究核聚变的意义

地球上的万物靠着太阳源源不断的能量维持自身的发展。在太阳的中心，温度高达1500万摄氏度，气压达到3000多亿个大气压，在这样的高温高压条件下，氢原子核聚变成氦原子核，并释放出大量能量。正是这种核聚变反应，在太阳里已持续了约150亿年。宇宙中的太阳犹如一座巨大的核聚变"反应堆"，无时无刻地向外输送着能量。

核聚变，是由两个轻的原子核结合成一个较重的原子核的核反应过程，聚变反应会释放出巨大的能量。就单位质量而言，聚变释放的能量要比裂变释放的能量大3～4倍，因此，核聚变能源是更强大的能源。核聚变反应是在高温、高密度与高能量约束时间的等离子体中实现的。包括太阳在内的大多数星体释放的能量便是来源于高温氢等离子体中的高能氢核聚合成氦核（粒子）的核聚变反应。

人类要在地球上可控地实现核聚变反应来直接获得核聚变能的条件是很苛刻的。相比而言，在所有核聚变反应中，氢的同位素——氘和氚（D–T）的核聚变反应是较易于实现的。氢弹爆炸就是利用了D–T核聚变反应。1952年，当第一颗氢弹爆炸之后，人类制造核聚变反应成为现实，但那只是不可控制的瞬间爆炸，而受控核聚变能源研究，是要通过某种特殊的途径，把氢弹爆炸的过程在核聚变反应堆上加以控制，并源源不断地输出核聚变能。

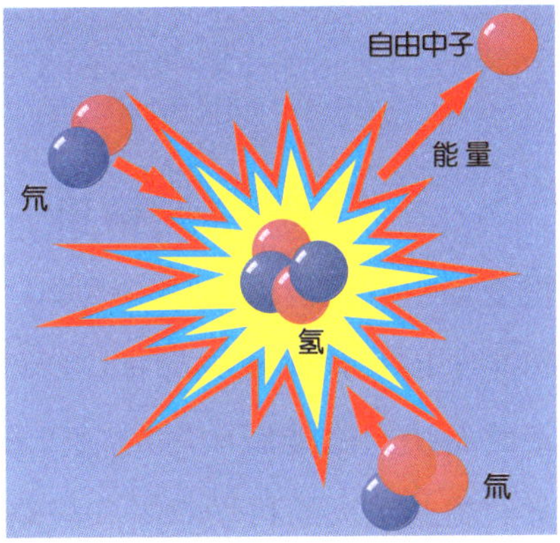

核聚变反应示意图

核聚变能源具有以下得天独厚的优点：1）资源丰富。核聚变燃料之一的氘广泛地分布在海水中，1升海水里提取出的氘，在完全的核聚变

氢弹爆炸

反应中可释放相当于燃烧300升汽油的能量。如果实现以D为燃料的受控核聚变，按地球的储量计算，可获取2×10^{11}TW·a（太瓦年）的核聚变能，若按照每年20TW速度消费，可供全人类使用100亿年；即使以D–T为燃料，也可供人类使用3000万年。2）核聚变能是内在安全的能源。燃烧等离子体一旦形成，任何运行故障都能使等离子体迅速冷却，从而使聚变反应在短时间内自动停止，这意味着核聚变反应堆本身具有内在的安全性。3）核聚变能是相对清洁和环境友好的能源。核聚变电站不产生化石燃料电站所释放的温室气体，没有裂变产物。不过，以D–T为燃料的核聚变电站，T是具有放射性的，但它的半衰期非常短，而且在聚变堆中将很快再循环、燃烧。4）核聚变反应所产生的大量高能中子在军事上以及其他领域都有广泛的用途。因此，核聚变能是目前认识到的最终解决人类能源问题的最重要途径之一，研究核聚变、开发核聚变能具有极其重大的科学意义和战略意义。

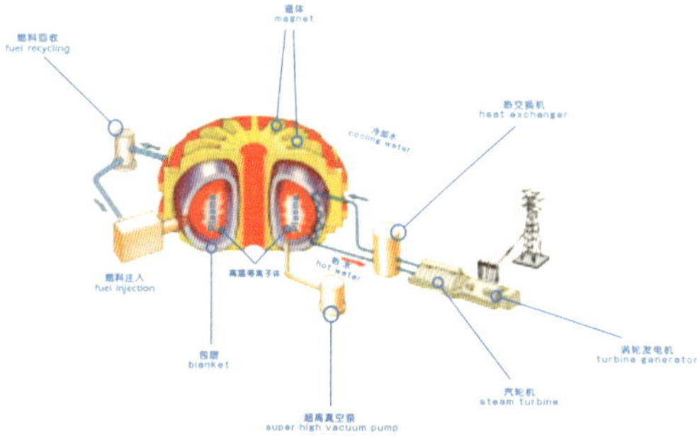

未来聚变电站概念图

3. 实现核聚变的路途有多远？人类探索核聚变能源的历程

在地球上，实现核聚变反应需要两个基本条件：一是把燃料加热到极高温度，如D–T反应所要求的燃料温度不低于1亿度，而D–D反应所要求的温度不低于5亿度。这两个温度都已经远远地超过了太阳温度，这是十分苛刻的条件。在这样高的温度下，物质全部变成一种叫作等离子体的气体。这种高温等离子体不能用容器来容纳，因此要实现聚变能的利用，首先要解决能够存放高温等离子体的容器，将等离子体约束在某种容器中，并维持足够长的时间，以便充分地发生核聚变反应，释放出足够多的能量，使聚变反应释放的能量大于产生和加热等离子体本身所需的能量及其在这过程中损失的能量。这样就能够利用聚变反应放出的能量来维持其所需的极高温度，毋需再从外界施入能量，聚变反应也能自持地进行下去，此时这只“烧”聚变燃料的特殊“炉子”意味着被点着了。表征这个概念的科学术语叫“聚变点火”。可是约束等离子体的时间越长，技术上越难于实现。如何把1亿度的高温等离子体长时间约束起来，让它能够充分反应，这是聚变研究最困难的问题之一。因此，约束问题是受控核聚变研究中要解决的第二个难题，也是更为棘手的难题。

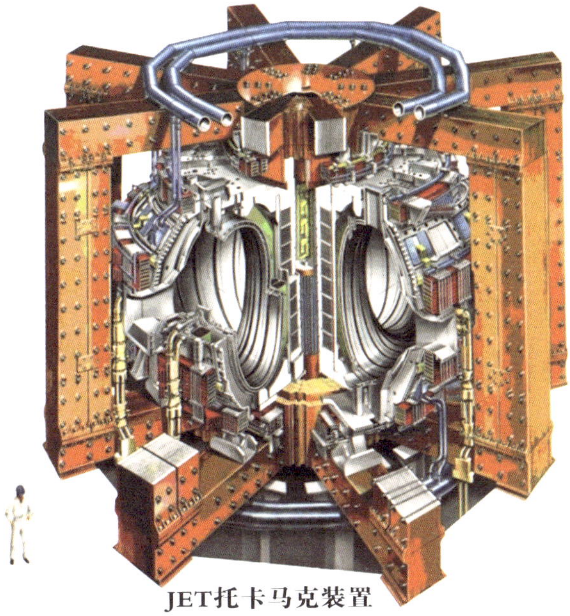
JET托卡马克装置

20世纪50年代初期，前苏联科学家塔姆和萨哈罗夫，提出了实现磁约束容器的装置——托卡马克装置，又称环流器。磁约束核聚变利用磁场将高温等离子体约束在被称为真空室的容器中，可以使真空室中的高温等离子体环与器壁完全脱离。

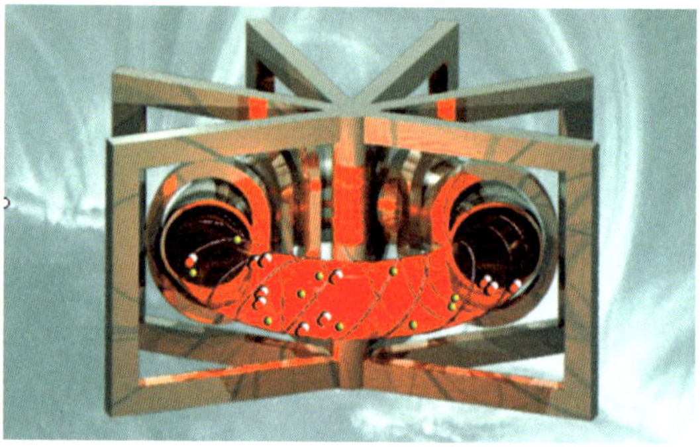
托卡马克概念图

那么，约束时间多长才能实现点火呢？约束时间跟密度有关。为了得到大量的聚变能，等离子体必须有足够的密度（如每立方厘米10^{14}~10^{16}个）才会有足够多的粒子发生反应，并有聚变能输出。英国科学家劳逊在50年代详细研究了实现聚变点火必须满足的条件，为此，点火条件也称劳逊条件或劳逊判据或称聚变三重积。它是温度T和约束时间τ跟密度n乘积的函数。

实现点火仅是受控核聚变研究的第一步。炉子点着了必须烧得很旺才能使用。受控核聚变研究的第二个目标是使输出的能量超过输入的能量，获得净聚变能，建成核聚变发电站。

人类对核聚变能的研究和探索，经历了十分漫长的过程，受控核聚变研究在早期是保密的。经过多年的努力，科学家们意识到受控核聚变的成功并非像氢弹爆炸那样可以指日而待。只有解密，进行国际合作与交流，才能促进受控核聚变研究。不久，美、英、前苏联、日本和中国等国的科学家先后在仿星器、磁镜和箍缩等多种位形的聚变研究装置上开展活跃的研究与交流。时至今日，能实现核聚变的基本方法有两种：磁约束核聚变和惯性约束核聚变。

磁约束核聚变堆分为完全为获得聚变能量的纯聚变堆和聚变-裂变混合的增殖堆。其实现途径有托卡马克聚变堆、仿星器聚变堆、球马克聚变堆、串级磁镜聚变堆等。在上述磁约束核聚变堆途径中，最成功的是托卡马克。托卡马克有非常强的环向磁场，并由通过等离子体的电流产生极向磁场使环向磁场得到扭曲旋转以约束等离子体。在建造磁约束聚变反应堆方面，托卡马克是目前最有力的竞争者。

美国NIF激光聚变装置

作为受控核聚变的另一种方式——惯性约束核聚变，在1960年激光问世后不久，就有科学家提出用激光器作为惯性约束核聚变驱动源的建议。20世纪70年代初，劳伦斯·利弗莫尔实验室的科学家提出了激光惯性约束核聚变的具体方案，并开展了大量的研究工作。目前世界上有三大激光装置，一是美国的劳伦斯·利弗莫尔国家实验室百万焦耳级的国家点火装置（NIF），二是法国波尔多附近的激光兆焦耳装置（LMJ），三是中国的“神光-Ⅲ”。它们都将用于惯性约束核聚变在实验室条件下的可行性研究，包括大量靶物理研究、驱动器研究、制靶技术研究和各种点火方式研究等，可望在不久的将来实现点火演示。

20世纪80年代，托卡马克实验研究取得了重大进展。1982年，在德国ASDEX 装置上发现了高约束放电模式，该结果对于建设商用反应堆具有重大的意义。1984年，JET装置公布的实验结果显示，其等离子体电流达到3.7 MA，并能够维持数秒。1986年，普林斯顿的TFTR用16 兆瓦大功率氘中性束注入氘靶等离子体，当时被称作“超级炮”（super shot），中心离子温度达到2×10^{8} K（为太阳中心温度的10倍），产生了10 千瓦的聚变功率。

从20世纪90年代开始，在JET（欧洲）、TFTR（美国）、JT-60（日本）等世界三大托卡马克实验装置上开始获取D-T聚变能的尝试。1991年11月，在欧洲的JET上首次成功地进行了D-T放电实验，1997年，JET用25 兆瓦辅助加热功率演示产生聚变功率16.1 兆瓦（即聚变能21.7兆焦）的世界最高纪录。1993年10月，美国的TFTR装置也实现了D-T聚变反应。1997年12月，在日本JT-60上成功地进行了D-D反应实验，折算到D-T反应，Q值可以达到1.00，即等离子体中核聚变反应所产生的能量刚好等于注入到等离子体中的能量。后来，Q值又超过了1.25，即有净能量输出。此后，日本的JT-60U装置（JT-60的升级装置）也取得了受控核聚变研究的最好成绩，获得了聚变反应堆级的等离子体参数：峰值离子温度约45 keV（约4.5×10^{8} K），电子温度10 keV（约1×10^{8} K），等离子体密度约10^{20}m^{-3}；等效能量增益因子大于1.3。除三大托卡马克外，美国的DIII-D和德国的ASDEX-U等装置，同样为提高先进托卡马克的研究水平做出了突出贡献。

JET托卡马克

以JET、TFTR、JT-60等托卡马克装置为代表的磁约束聚变研究取得的突破性进展宣告了以托卡马克为代表的磁约束核聚变研究的堆芯等离子体科学可行性在实验上已经得到了证实，已经奠定有可能考虑建造聚变能实验堆，创造研究大规模核聚变的条件。

4. ITER计划将核聚变能源研究带入新阶段

由于核聚变研究是一项耗资巨大、研究周期相当长的大科学研究项目，人们开始认识到只有开展广泛的国际合作才是加速实现核聚变能利用的可行之路。ITER（国际热核聚变实验堆）计划是美国、日本、欧盟、中国、俄罗斯、韩国和印度等7方合作，目前世界上最大型的国际大科学合作计划。其目的是建设一个为验证全尺寸可控核聚变技术可行性的国际托卡马克实验堆。2006年11月21日，中国、欧盟、美国、日本、俄罗斯、韩国、印度在法国巴黎正式签署了《国际热核聚变实验堆ITER联合实施协定》，ITER（国际热核聚变实验反应堆）是规划建设中的一个为验证全尺寸可控核聚变技术的可行性而设计的国际托卡马克实验堆。此项目预期将持续30年：10年用于建设，20年用于运行，总花费大约128亿美元。

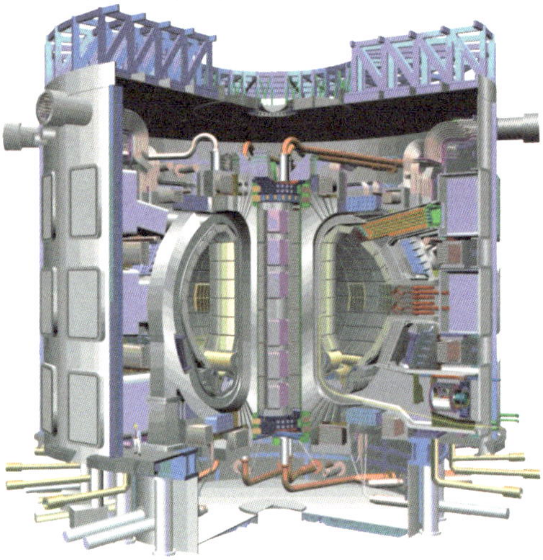

国际热核实验堆装置

ITER建成后第一阶段的目标是实现400～500 MW的聚变功率，并能够使核聚变反应持续500秒，这是ITER最关键的目标。第二阶段的目标是拉长核聚变持续时间，实现更长脉冲或接近成为准稳态或稳态运行。

ITER的物理目标和技术目标表明：ITER的建造是可控热核聚变发展史上具有里程碑意义的重大事件，如果它成功，将使人类第一次获得可控时间很长、相当于准稳态的高功率高增益燃烧等离子体，去研究聚变能开发的一系列重大的关键的科学和工程技术问题；ITER不是磁约束的商用聚变电站的原型，但是，它是迈向磁约束商用聚变电站必经的重要阶段之一。

受控核聚变研究从科学研究到能源应用大致可分为四个阶段，即：科学可行性验证、工程可行性验证、示范反应堆和商用反应堆。以JET、TFTR、JT-60等托卡马克装置为代表的磁约束聚变研究取得的突破性进展宣告了以托卡马克为代表的磁约束核聚变研究的堆芯等离子体科学可行性在实验上已经得到了证实，而ITER计划开始实施，标志着托卡马克磁约束聚变能研究由基础性研究进入了以验证工程可行性为主要目标的实验堆研究阶段。

ITER计划是目前全球规模最大、影响最深远的国际科研合作项目之一。ITER计划的实施结果将决定人类能否迅速地、大规模地使用聚变能，从而可能影响人类从根本上解决能源问题的进程。

核聚变能源的研发对每个大国都是必要的，但又是一个长期、大规模、高投入而且又是高风险的过程。参加ITER计划，全面介入ITER的建设和实验，可以掌握ITER的知识和技术，培养一批聚变工程和科研人才，为我国自主地开展核聚变示范电站的研发奠定基础。

5. 中国的核聚变能源研究进展和目标

中国磁约束聚变研究起步于20世纪50年代末，经过了多种途径的探索阶段，从20世纪七八十年代起，磁约束聚变的研究基本集中在托卡马克上。中科院等离子体物理研究所在20世纪70年代至80年代相继建成并运行CT-6、HT-6B及HT-6M等小型托卡马克。1984年，核工业西南物理研究院成功研制并运行中等规模的托卡马克装置HL-1。HL-1装置的建成是标志我国核聚变研究由原理性研究阶段迈入规模实验研究阶段的一个重要里程碑。1995年我国成功建造了达到国际同类型同规模装置先进水平的“中国环流器新一号(HL-1M)装置”。2002年，“中国环流器二号A（HL-2A）装置”建成并成功进入实验运行。实现了我国核聚变研究由原理探索到大规模装置实验的两次跨越发展，为我国核聚变能源开发事业做出了重要贡献。HL-2A装置是我国第一个具有偏滤器位形的大型托卡马克装置。2003年，HL-2A装置上成功地实现了偏滤器等离子体放电，这也是我国第一次实现的偏滤器位形托卡马克运行。偏滤器位形是现代高性能托卡马克中的一个重要特征，偏滤器也是聚变堆的一个重要部件。它的部分研究成果能够支持国际热核实验堆(ITER)所需要的数据库，增强了中国磁约束核聚变研究参与国际合作研究的能力，加快了与国际研究接轨的步伐，它标志着中国磁约束核聚变研究提高到一个新水平。在HL-2A装置等离子体实验上取得了重大进展，首先实现了先进的等离子体偏滤器位形放电，其次获得了等离子体电子温度达到5500万度和离子温度接近3000万度的结果，并且实现了具有边缘局域

中国环流器二号A装置

模的高约束(H模)放电。目前，核工业西南物理研究院正在对HL–2A装置实施改造与升级成HL–2M。HL–2M装置将进一步发挥装置灵活、等离子体可近性好的特点，大幅度提高等离子体参数，充分发展等离子体辅助加热系统，提升装置实验水平，为开展ITER相关的堆芯等离子体物理实验研究，以及面向聚变堆工程技术的实验研究创造更有利条件。

EAST（东方超环）是由中国自行设计研制的世界首个全超导托卡马克装置，主要用于对建造稳态先进的托卡马克核聚变堆的前沿性物理问题开展探索性实验研究。2006年3月由中国科学院等离子体研究所完成建造，并于2006年9月获得初始等离子体。EAST目标是产生1 MA的等离子体电流；持续放电时间达到1 000秒，在高功率加热下等离子体温度超过一亿度，为最终实现核聚变点火做好准备。目前EAST已获得了稳定可重复的1MA等离子体放电，实现了EAST的第一个科学目标，这也是目前国际超导装置上所达到的最高参数。EAST装置将有利于探索等离子体稳态先进运行模式，其工程建设和物理研究可为ITER项目的建设提供直接经验，并为未来聚变实验堆提供重要的工程和物理实验基础。

全超导托卡马克装置 EAST

中国的磁约束聚变研究进入21世纪以来取得了巨大进步，不仅建造了大型的先进的聚变装置（HL–2A装置和EAST装置），而且在这些装置上取得了具有国际先进水平的创新性实验成果。包括超声分子束注入（SMBI）/团簇注入（CJI）缓解边缘局域模（ELM）、高能粒子物理、L–H转换、湍流和输运等一些高水平的研究工作引起国内外同行高度重视。

6. 核聚变能源研究带动尖端技术进步

目前，核聚变能的开发尚处于研发阶段，人类实现受控核聚变能的应用仍有漫长而艰巨的道路要走，核聚变技术的研究开发意义不仅仅在于实现核聚变能源的商业应用。在过去漫长的核聚变研究开发进程中，尽管道路艰难而曲折，但对核聚变领域本身的研究过程中开发出的尖端技术同时又产生出众多对产业有贡献的革新技术，并带动了各个尖端科技领域的进步。涉及的领域包括超导研究、高真空、生命科学、遥控密封、环境科学（地球模拟、电力储藏、环境气体精密测定、磁气分离系统、氢能源利用、微波电力输送）、密封、等离子体计量和控制、信息通信（超高速数据处理、遥控控制系统、大型液晶显示屏幕等）、RF加热技术、NBI加热技术、纳米材料（等离子束高速精细加工、高磁界中的材料开发、高周波环境下陶瓷烧制、超高真空环境、高性能材料的制造）等等学科。

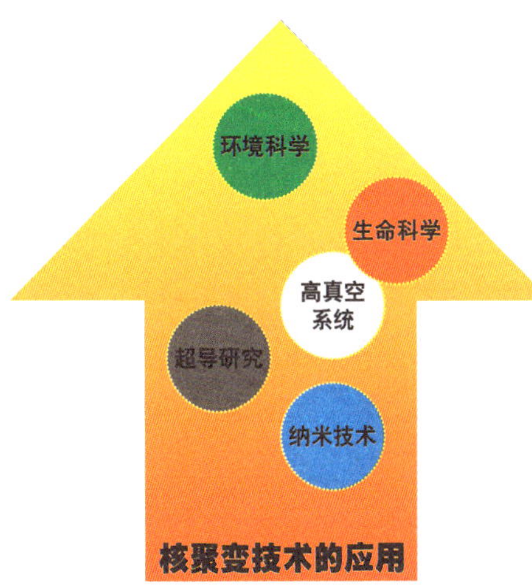

ITER计划的实施和核聚变研究开发的深入进行，必将带动人类高新科技技术领域的更大发展，同时在各个领域对人类作出积极的贡献。

第七章
热点聚焦

1. "核雾染"不可信

有文章称华北雾霾与内蒙古伴有铀类放射性元素的煤炭利用，以及内蒙古大营地区新发现的大型铀矿资源有关。称终日不散的雾霾是因为燃煤排放的放射性铀粉尘电离大量的空气分子和粉尘颗粒所致，从而引出了"核雾染"的说法。

自古以来，在地球上辐射无处不在。天然辐射来源于外层空间的宇宙射线和地壳本身。我国公众所受辐射照射平均约3.1毫希/年，其中0.36毫希/年来自宇宙射线，其他2.74毫希/年都来源于地壳中的放射性物质。

铀是天然放射性物质中的一种，天然铀中99.3%是铀–238，其半衰期长达四十多亿年，也就是说其放射性很小。空气中铀的浓度极低，吸入铀、钍系（除氡、钍射气外）所有核素产生的剂量仅约6微希/年，即仅占总剂量的五百分之一。人类在天然辐射环境中繁衍生息和发展，每时每刻都会受到各种射线的辐射。天然铀产生的照射占总剂量的份额小于千分之一，是不可能对健康有影响的。

我国煤中铀的含量平均为130贝可/千克，北京为121贝可/千克，最高的是新疆，为951贝可/千克。我国土壤中铀的含量平均为81贝可/千克，最低的是北京，为40贝可/千克，最高的是广东省，为145贝可/千克。由此可见，雾霾频发的北京，其煤中铀浓度不高，土壤中铀浓度则是最低的。可见雾霾与空气中铀浓度是不相关的。

通过上面的分析可知，“核雾染”的说法纯属无稽之谈，没有任何事实和科学根据。雾霾的产生原因是多方面的，需要全社会共同研究和论证，但将雾霾和辐射联系在一起则是没有根据的。我国已经建立了严密的辐射监测网络和健全的辐射监管体系，可以保证公众的健康与安全。

2. 我国核电发展对治理大气污染的效果明显

近年来，我国中东部大部分地区多次爆发严重雾霾天气，影响面积约143万平方公里，约占国土面积的15%。全国已开展空气质量新标准监测的161个城市中，有36个城市发生了重度及以上污染，严重影响人民群众健康。

2013年9月，国务院印发了大气污染防治“国十条”，提出了未来五年全国及重点地区（京津冀、长三角、珠三角）PM2.5/PM10的下降

目标和10个方面的防治举措。在能源领域最核心的防治措施就是要控制煤炭消费总量，提高天然气的使用量，大力发展核电、可再生能源等替代能源。

根据测算，如果在京津冀、长三角、珠三角周边地区分别建设1000万千瓦的核电装机，或者通过外送电方式将1000万千瓦核电输送至该地区，可以将这些地区的PM2.5年均浓度分别下降3.4、1.7、4.0微克／米，相当于将这三个地区的PM2.5年均浓度在目前基础上分别降低3%、2.5%和9%。五年后，这些核电装机对当地PM2.5年均浓度下降目标的贡献度分别为12%（约1/8）、12.5%（1/8）和60%。

与水电、风电、太阳能发电相比，在改善环境质量方面，核电具有明显的优势。核电单机容量大，运行稳定，利用小时数高，可以作为电网基荷运行，生产过程对环境基本上是零排放，改善环境的作用十分显著。据测算，每建成4000万千瓦的核电，每年可替代标煤消耗1亿吨。每100万千瓦的核电对标煤的替代效应分别相当于200万千瓦水电、350万千瓦风电、470万千瓦光伏发电（按照核电年利用小时数7000、水电3500、风电2000、光伏发电1500测算）。

3. 福岛核事故对我们的启示

福岛核电厂位于日本首都东京东北方向大约270千米处，共有6台机组，均采用沸水堆技术。其中1号机组于1971年3月投入商业运行。东京时间2011年3月11日14时46分，日本东北海域三陆洋面发生9.0级强烈地震，并引发海啸。在日本福岛第一核电厂多台核电机组的冷却系统停运的关键时刻，面对强烈地震和海啸的极端双重自然灾害超出了核电厂的

福岛核电厂

设计极限的情形，有关部门未能及时作出果断正确的决策和采取科学合理的行动，去预防和缓解严重核事故，进而导致核燃料元件破损、部分堆芯熔化和氢气爆炸，发生放射性物质向环境的大量泄漏。事故表明，对严重事故的预防和缓解认识不足，未能及时准确采取有效的系统性管理和已掌握的技术手段，这才导致了继三哩岛、切尔诺贝利核事故之后，世界核工业史上发生的最严重的核事故。

福岛核事故警示了人们要预防超强自然灾害对核电厂安全的影响，促进了各个核电国家全面审查在运、在建核电厂，进一步加强核安全防范措施。重点是完善针对极端外部事件的设防能力，以保证小概率但后果严重的超设计基准事故在选址和设计中得以恰当考虑，维持适当的安全裕量，并改进和强化严重事故管理，加强培训与监管，进一步完善系统性的管理和技术手段，持续提高严重事故有效预防和缓解能力。

秦山核电厂加高海堤防护墙

秦山核电低压移动柴油发电车

福岛核事故发生后，我国积极采取行动，全面审查在运核电厂，有针对性地提高安全措施，如增高海堤防护墙、增设移动供电设备增加非能动蓄水池等；制定和实施核电厂安全改进行动通用技术要求、新建核电厂安全要求等，用最先进的标准对所有在建核电厂进行安全评估，严格审批新上核电项目，编制出台了核安全规划，调整完善了核电发展中长期规划。科学家们正在积极吸取每一次核事故的经验教训，使核电技术水平不断提高，性能安全持续改进，确保核电厂安全高效地为人类发展服务。

4. 内陆建核电厂不会影响环境与公众健康

内陆核电厂是相对于建在海边的核电厂而言的，指建在内陆江、河、湖边的核电厂。内陆建核电厂不会影响环境与公众健康。

我国的核电安全标准与国际原子能机构的最新标准一致，内陆核电厂采用二次循环冷却技术，其淡水消耗量不会影响流域的水资源量，内陆核电厂下游水质可达饮用水标准。

我国内陆核电厂的水、气等排放指标达到国际高标准要求，对环境造成辐射影响的增加量远低于环境本底的辐射水平，不会影响环境和公众健康。比如坐一次飞机，在万米高空我们一个小时受到的辐射是5个微希，但是在核电场旁边，假设长期在这工作，我们一年受到最大的辐射就是几个微希。

至于内陆核电厂发生严重事故时对水资源安全的影响，我国拟建内陆核电项目选址条件良好，不可能发生类似日本福岛核电厂那样的严重事故；通过采取进一步的工程措施，可以确保严重事故下水资源安全以及公众健康；内陆核电厂严重事故对公众的健康风险要小于人类其他活动。即使发生极不可能发生的核事故时，内陆核电厂也可以采取措施，实现严重事故工况下放射性污水的"可贮存""可封堵""可处理"和"可（与水体）实体隔离"。

世界多个国家发展核电的实践证明，内陆核电厂与滨海核电厂没有本质区别，一样都是安全的。法国和美国的内陆核电比例分别占到69%和61.5%，美国的密西西比河流域建有32台核电机组；有些国家如瑞士、乌克兰、比利时等，其核电厂全部建在内陆。

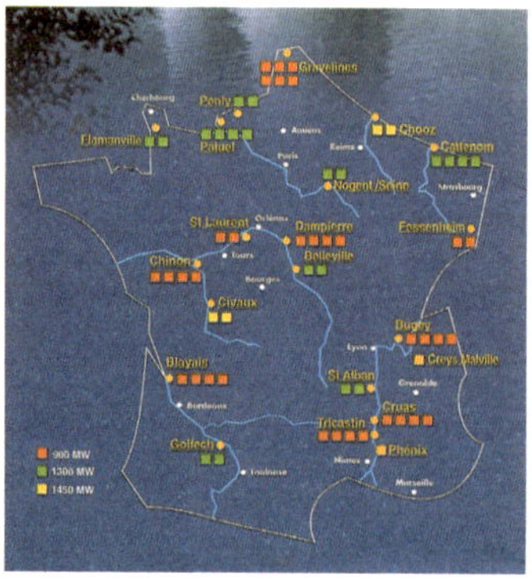

法国内陆核电厂

美国的内陆核电厂

5. 第三代核电技术更安全

针对公众对核电安全性、经济性的疑虑，美国电力研究所在美国能源部和核管会的支持下，对进一步大力发展核电的可行性进行了研究，根据其研究成果制定出了《用户要求文件（URD）》，对新建核电厂的安全性、经济性和先进性提出了要求。随后，欧洲也出台了《欧洲用户要求文件（EUR）》，表达了与URD文件相似的要求。

美国能源部在20世纪末提出了发展第三代核电技术，并取得全世界

的共识。第三代核电技术就是指满足URD或EUR，具有更好安全性的新一代先进核电站技术。它具有在经济上能与联合循环的天然气机组发电厂相竞争、在能源转换系统方面大量采用二代成熟技术的优势。第三代技术与第二代技术最为根本的一个差别，就是第三代核电技术把设置预防和缓解严重事故作为了设计核电站必须要满足的要求。也就是说，第三代核电技术在安全问题上做到了“设计兜底”。

目前，具有代表性的第三代核电技术大致有6种堆型。分别是美国西屋电气公司的先进非能动压水堆（AP1000）、法国阿海珐公司的欧洲压水堆（EPR）、美国通用电气公司的先进沸水堆（ABWR）和经济简化型沸水堆（ESBWR）、日本三菱公司的先进压水堆（APWR）和韩国电力工程公司的韩国先进压水堆（APR1400）。我国自主设计的CAP1400和“华龙一号”也是三代核电技术。

从目前的核电发展情况来看，第三代核电技术已成为当今国际上核电发展的主流。世界上核电发达国家目前已经开工建设和正在申请建设许可证的核电机组几乎都是第三代。而目前在建的三代核电站中，美国占了4台，俄罗斯有2台，法国和芬兰各有1台，中国6台（其中4台AP1000分别位于浙江三门和山东海阳，2台EPR位于广东台山）。

6. 为什么要建设核燃料产业园

“核燃料产业园”顾名思义，是为核电厂生产“燃料”的园区，把生产核燃料的工厂建在一起，提供“一站式”的服务。这一过程中“核燃料”并没有发生“燃烧”，发生裂变，因此也就没有产生放射性。就像把煤只是做成了“煤球”，还没有放在炉里燃烧一样。

（1）核燃料产业园的生产原料和产品

原材料黄饼(U_3O_8) →纯化转化→六氟化铀(天然铀，^{235}U丰度0.711%)→浓缩→六氟化铀(低浓缩铀，^{235}U富集度2%～5%)→烧结→芯块(UO_2) →组装→燃料组件。

原材料——黄饼

铀浓缩

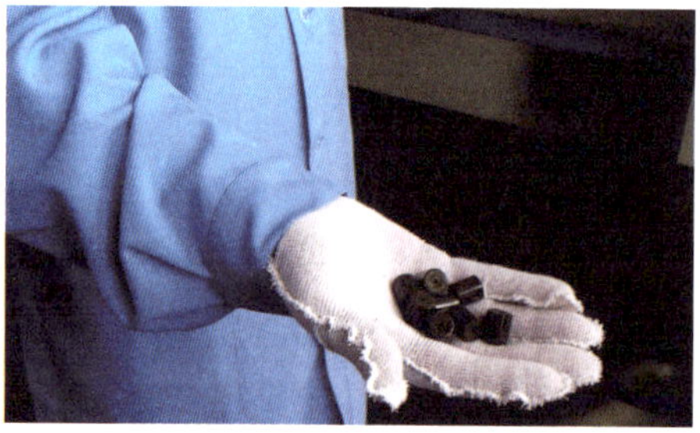

铀-235燃料芯块

核燃料组件

核燃料产业园区包括铀纯化转化厂、铀浓缩厂和燃料元件厂。

（2）核燃料产业园的废物管理措施

对于放射性废液采取零排放，对生活废水要达标后才排放。对于放射性固体废物整备后运往专门的废物处置厂。废气要实现达标排放。核燃料产业园区的环境影响评价和初步安全分析表明，正常运行过程中，气载污染物对评价区域内公众的最大个人有效剂量为每年0.0586毫希，相当于乘飞机10个小时（0.005毫希／小时）。最大假想事故工况下对环境影响：厂址边界处公众个人剂量为0.0622毫希，相当于乘飞机12个小时（0.005毫希／小时）。国际标准是：公众≤1毫希／年，特殊情况下，公众每5年平均剂量不超过1毫希／年，在单独一年的有效剂量不超过5毫希。

（3）核燃料产业园日常安全防范措施

放射性工作场所分区和出入控制：控制区和保护区。

密封屏障：工艺设备和管道（双系统）、建构筑物等外围屏障及其

核燃料组件插入堆芯（模型）

排风系统（第二道）。

辐射监测：工作场所放射性气溶胶浓度、表面污染监测、个人剂量监测、三废污染水平监测及核临界监测报警。

检修工况的辐射防护措施：检修放射性设备和拆装带料容器的现场，设置局部排风。

事故工况的辐射防护措施：设置防护服、呼吸器等防护用具，必须穿戴应急防护用品处理事故。

（4）核燃料的运输安全

采用专用的运输包装容器。设计、制造要进行安全分析，要经过跌落、贯穿、耐热试验等事故条件下试验，报国家核安全局审查批准，取得设计和制造许可证。

核燃料运输

运输。对表面污染和辐射水平实施监测、承运人资质管理、运输线路管理、编制运输的核与辐射安全分析报告，报国家核安全局审查批准。

核燃料产业园是为我国核电厂建设配套的项目。国家《核电中长期发展规划（2011–2020年）》提出，要“配套建立独立完整和先进的核燃料循环体系”，加快铀纯化转化、浓缩、元件生产线建设。到2020年，分离功能力超过万吨，压水堆燃料元件生产能力2千吨以上。因此建设核燃料产业园势在必行。

核燃料产业园示意图

附录一
核领域的诺贝尔奖获得者

诺贝尔奖被世人认为是最有权威、最有影响、世界级的科学大奖。诺贝尔奖表彰原创性和奠基性的重要科学发现、重大理论创新以及实验方法和仪器的重大发明。它为推动世界科技进步和社会发展起了积极作用。这里我们向大家介绍核科学技术中的诺贝尔奖得主。

◆ 法国物理学家

安东尼·亨利·贝可勒尔

(Antoine Henri Becquerel)

1852–1908

1896年，贝可勒尔成为第一个发现天然放射现象和发现铀原子自发蜕变的人。贝可勒尔也是第一个用乳胶照相检测射线的人。

1903年，贝可勒尔和皮埃尔·居里夫妇一起获诺贝尔物理学奖。

◆ 英国物理学家

约瑟夫·约翰·汤姆逊

(Joseph John Thomson)

1856–1940

汤姆逊在1897年发现电子，取得了划时代的成就。电子是人类发现的第一个微观粒子，汤姆逊被誉为“最先打开通向基本粒子物理学大门的科学家”。

1906年，汤姆逊获诺贝尔物理学奖。

◆ 法国物理学家

玛丽·居里

(Marie Curie)

1867 –1934

1898年，玛丽·居里和她的丈夫皮埃尔·居里从大量沥青铀矿提纯中，发现了一种新元素。玛丽把发现的新元素命名为“钋”，以示对祖国波兰的纪念。“钋”元素发现之后，她又从沥青铀矿中发现了另一个新元素“镭”。为了提取镭，她和丈夫皮埃尔从4吨沥青铀矿中，花了1400天时间，提取出了0.1克氯化镭。

1903年，玛丽·居里和皮埃尔·居里共同获得了诺贝尔物理学奖。1911年，玛丽·居里获诺贝尔化学奖。

◆ 美国物理学家

阿尔伯特·爱因斯坦

(Albert Einstein)

1879–1955

爱因斯坦是现代物理学的开创者和奠基人。1905年，年仅26岁的爱因斯坦利用业余时间就在《物理年鉴》上发表了五篇重要科学论文，论及光电效应、布朗运动和狭义相对论学。他用量子论解释了光电效应，提出了光的量子概念 。他提出了质量–能量相互转换关系式（$E=mc^2$ ）。爱因斯坦在狭义相对论提出之后，花了十年时间精心研究，1916年提出了广义相对论。

1921年，爱因斯坦因对光电效应的贡献而被授予诺贝尔物理学奖。

◆ 英国物理学家

欧内斯特·卢瑟福

(Ernest Rutherford)

1871–1937

卢瑟福热爱科学研究，在科学上有许多重大成就。卢瑟福首次提出了放射性元素衰变理论。1911年，提出了原子有核的“行星模型”。1919年，卢瑟福用α粒子轰击氮原子核产生质子，同时氮原子核转变成氧原子核，首次实现了人工原子核嬗变。

1908年，卢瑟福获诺贝尔化学奖。

◆ 美国物理学家

阿瑟·荷里·康普顿

(Arthur Holly Compton)

1892–1962

1923年，康普顿从光子和原子核外的电子碰撞实验中发现了弹性散射现象——“康普顿效应”。

1927年，康普顿获诺贝尔物理学奖。

◆ 英国物理学家

詹姆斯·查德威克

(James Chadwick)

1891 –1974

1932年，查德威克根据实验结果，提出原子内存在着一种不带电荷的新粒子，取名为“中子”。查德威克从理论分析和实验两方面断定了中子的存在，获得了科学界的公认。中子的发现，一是解决了原子核结构问题，二是为原子能的利用开辟了道路。中子轰击铀核发生裂变，释放出大量能量，因此，可以说发现中子是找到了打开原子能大门的金钥匙。

1935年，查德威克获诺贝尔物理学奖。

◆ **法国物理学家**

伊伦·约里奥–居里

(Irène Joliot–Curie)

1897–1956

1933年，伊伦和她的丈夫费雷德里克·约里奥用天然放射性元素钋发出的α射线轰击铝，发现铝不停地放出电子，原来因为铝转变成了另一种新的放射性核素磷–30，磷–30是第一个人工放射性核素。

约里奥–居里夫妇因发明人工制造放射性同位素的技术和在放射学、核裂变方面的成就，获1935年获诺贝尔化学奖。

◆ 德国物理化学家

奥托·哈恩

(Otto Hahn)

1879–1968

1938年，哈恩与斯特拉斯曼研究中子轰击铀所形成的一种产物，不是原先设想的镭的同位素，而是类似于钡的物质。1939年，哈恩大胆提出了铀核受中子轰击分裂成两块差不多相等部分碎片的设想。后来，他们用实验证实了这个假设。核分裂的发现是十分惊人的事情，在全世界化学家与物理学家中引起了极大的轰动。哈恩与斯特拉斯曼一起带头研究了重核裂变所形成的许多产物。

1944年，哈恩与斯特拉斯曼获诺贝尔化学奖。

◆ 丹麦物理学家

尼耳斯·玻尔

(Niels Bohr)

1885 –1962

1913年，玻尔提出了量子化的原子模型“原子量子说”。1936年，玻尔提出了原子核结构的复合核理论(液滴模型)。1939年，玻尔和惠勒共同提出了重核裂变的液滴模型理论。

1922年，玻尔获诺贝尔物理学奖。

◆ 意大利物理学家

恩里科·费米

(Enrico Fermi)

1901–1954

1942年，费米担任建造世界上第一座原子反应堆的重任。费米用了三个星期的时间，在芝加哥大学斯塔格运动场看台下的网球场上用石墨块、金属铀和二氧化铀砌成了一个庞然大物，中间插着吸收中子的镉控制棒。12月2日在费米的指导下，开始抽出镉控制棒，每抽出15厘米，费米根据测量数据进行一次计算。直到最后一根控制棒往外抽出30厘米的时候，反应堆达到了临界，实现了人类历史上第一次受控自持链式反应。

1938年，费米获诺贝尔物理学奖。

◆ **美国核化学家**

格林·西奥多·西博格

(Glenn Theodore Seaborg)

1912–1999

1939年起，西博格和他的同事们一起研究超铀元素。1940年他们利用加速器加速的粒子轰击铀获得了两个新元素镎和钚。钚是原子弹原料，这一发现当时轰动了整个化学界。西博格和他的助手们总共发现了10个超铀元素。1944年，西博格提出了著名的“锕系”概念。他带领他的同事们建立了从反应堆乏燃料中分离铀、钚的萃取流程，在实验研究的基础上，实现了工业生产，提供了美国在长崎投掷的钚弹的装料。西博格参与了“曼哈顿工程”，但他极力反对用原子弹杀伤平民。他为钚–238制造核电池，为许多放射性同位素用于医学、工业、农业和科研作出了贡献。

1951 年，他和他的同事麦克米伦一起获诺贝尔化学奖。

◆ 华裔美国物理学家

杨振宁 1922-

李政道 1926-

杨振宁、李政道在近代理论物理领域作出了卓越贡献，他们发现了β－放射性粒子的弱相互作用宇称不守恒，该发现被美籍中国物理学家吴健雄实验所证实，推翻了过去在物理学界被奉为金科玉律的 宇称守恒观念，促进了基本粒子理论的发展。

1957年，杨振宁与李政道一起获诺贝尔物理学奖。成为首次登上象征科学界最高荣誉奖坛——诺贝尔奖台的中国人。

◆ 华裔美国物理学家

丁肇中

1936-

1974年，丁肇中在美国布鲁克海文实验室的同步加速器上测量高能质子打击铍靶产生正负电子对撞的有效质量谱时，发现了一个质量重、寿命长的奇异粒子，他对这个新发现穷追不舍。经过 4个月的紧张工作，发现了J粒子。

1976年，丁肇中获诺贝尔物理奖。

附录二
两弹元勋

1999年9月18日，中共中央、国务院、中央军委表彰研制“两弹一星”做出特殊贡献的科技专家。核科技工业系统受到表彰并获得“两弹一星功勋奖章”的有11位功臣。他们热爱祖国、热爱科学、执着敬业、求真唯实、不畏艰难险阻、不计较个人得失，在科学上取得了重大成就，在事业上为国家做出了重大贡献。

这里我们简要介绍(以姓氏笔画为序)于敏、王淦昌、邓稼先、朱光亚、吴自良、陈能宽、周光召、钱三强、郭永怀、程开甲、彭桓武等11位在核科技工业系统获得“两弹一星功勋奖章”的功臣。让我们以他们为榜样，奋力拼搏，为祖国的繁荣富强建功立业。

于敏

核物理学家 中国科学院院士

1926-

于敏是我国自己培养出来的科学家。钱三强称他为“填补了我国原子核理论的空白”。于敏是我国氢弹理论研究的主要负责人之一，在我国氢弹原理突破中解决了热核武器物理中一系列基础问题，提出了从原理到构型基本完整的设想，起到了关键作用。从20世纪70年代起，于敏在倡导、推动惯性约束聚变等高科技项目研究中发挥了重要作用。

王淦昌

核物理学家 中国科学院院士

1907–1998

王淦昌是我国著名核物理学家。在杜布纳联合原子核研究所工作期间，他领导的小组于1959年发现了反西格马负超子，这是世界上首次发现带电的负超子。王淦昌是世界激光惯性约束核聚变研究奠基人之一，1964年提出了激光打靶实现核聚变设想。王淦昌是我国核武器研制主要科学技术领导人之一，核武器研究实验工作的开拓者。他不仅参与了原子弹和氢弹原理突破及第一代核武器研制的实验研究与组织领导工作，而且在爆轰试验、固体炸药工艺研究和新型炸药高功率脉冲技术研究、核武器试验诊断等方面进行了奠基性研究，指导解决了一系列关键技术问题，并对地下核试验测试技术做出了重要贡献。

邓稼先

核物理学家 中国科学院院士

1924-1986

邓稼先爱祖国、爱科学，为人忠诚、淳厚，关心他人，为中华民族制造“两弹”贡献了自己的一生。他领导开展了爆炸物理、流体力学、状态方程、中子输运等理论研究，对原子弹的物理过程进行了大量模拟计算和分析，为原子弹、氢弹的研制成功，做出了重要理论贡献和组织领导贡献。

朱光亚

核物理学家 中国科学院院士

中国工程院院士

1924-2011

1957年，朱光亚领导设计、建成了我国首台轻水零功率装置，并开展了堆物理试验，奠定了中国自己设计、建造核反应堆的基础。朱光亚是中国核武器研制的科学技术领导人。他主持编写的《原子弹装置科研、设计、制造与试验计划纲要及必须解决的关键问题》，为实现1964年第一颗原子弹爆炸起了重要作用。朱光亚参与组织领导了中国历次原子弹、氢弹的试验。为“两弹”技术突破及其武器化工作做出了重大贡献。朱光亚自20世纪70年代以来，参与组织了我国核电筹建和放射性同位素应用开发研究。20世纪80年代，朱光亚参与了国家高技术研究发展计划(“863”计划)的制订与实施，以及国防科技发展战略研究工作，为核能技术的和平利用和跟踪世界高技术的发展，做出了重大贡献。

吴自良

物理冶金学家 中国科学院院士

1917-2008

吴自良是我国著名的物理冶金学家。他研究成功以锰、钼代铬的合金钢，对建立我国自己的合金钢材料系统作出了开拓性贡献。他在冶金方面发表的重要论文，在国际和国内有相当大的影响。我国研制第一颗原子弹，铀-235富集是关键技术。气体扩散法分离铀-235，需要一种特殊的扩散膜。1961年吴自良接受研制扩散膜的任务，历时三年多，在兄弟院所大力协作下，经过艰苦探索和反复试验，1964年试制成功并投入应用。吴自良作为这个项目的技术总负责人，做出了重大贡献。

陈能宽

金属物理学家 中国科学院院士

1923-

陈能宽是中国核武器爆轰物理学的开拓者。在我国第一颗原子弹、氢弹及核武器的发展研制工作中，主要领导组织了核装置爆轰物理、炸药和装药物理化学、特殊材料及冶金、实验核物理等学科领域研究工作；组织并参加了聚合爆轰波人工热核反应研究以及核装置球面同步起爆方案的制订和研究。

周光召

物理学家 中国科学院院士

1929-

周光召是我国著名理论物理学家，在粒子物理研究方面做出了重要贡献，是世界公认的赝矢量部分守恒定理的奠基人之一。20世纪60年代初，周光召开始核武器理论研究工作，领导并参与了爆炸物理、辐射流体力学、高温高压物理、二维流体力学、中子物理等多领域的研究工作，为我国核武器的理论设计奠定了基础。

钱三强

核物理学家 中国科学院院士

1913–1992

钱三强是我国原子能科学事业卓越的开拓者和奠基人。1947年，他和夫人何泽慧发现了三分裂和四分裂现象，并对三分裂机制作了科学解释，引起了当时世界核物理界的高度重视。新中国成立后，钱三强参与组建中国科学院近代物理研究所(后改名为原子能研究所)，1958年，在他的领导下，我国第一座重水反应堆和第一台回旋加速器投入运行。钱三强以精湛的科学知识、远见卓识和杰出的组织才能，为我国原子能事业的创建和发展发挥了重要作用。钱三强是中国发展核武器的人才推荐和组织协调者，他选调优秀人才，组织联合攻关，为我国第一颗原子弹和氢弹的研制成功做出了重要贡献。

郭永怀

空气动力学家 中国科学院院士

1909–1968

郭永怀在研制第一颗原子弹的过程中，主管力学部分，并负责武器化的设计指导。1965年以后，郭永怀参与氢弹研制，同时又参加了人造卫星设计。郭永怀还负责指导反潜核武器的水中爆炸力学和水动力学等研究工作。此外，郭永怀在对潜地导弹、地对空导弹、氢氧火箭发动机和反导弹系统研究试验方面，也做出了重要贡献。1965年9月，郭永怀受命参与“东方红”卫星本体及返回卫星回地研究的组织领导工作。从原子弹到氢弹装置，再到核航弹、导弹核武器的理论和实践中，郭永怀呕心沥血，都做出了巨大的贡献。

程开甲

物理学家 中国科学院院士

1918-

程开甲是我国核武器试验事业的开创者和组织者之一。他不仅在组织和指挥方面发挥了重要作用，而且参与了许多关键技术研究，对爆炸封闭安全技术、安全防护、电磁波和冲击波、抗干扰技术等关键问题的解决，做出了重大贡献，还开创了抗辐射加固新技术。程开甲是理论物理学家，著有《固体物理学》《超导物理》《TFD模型和余氏理论对材料设计的应用》等教材和专著。

彭桓武

物理学家 中国科学院院士

1915-2007

彭桓武是我国著名物理学家，早期，在固体物理、介子物理和量子场理论方面都取得了出色成就。彭桓武在我国“两弹”开发研制中领导并参加了原子弹、氢弹的原理突破和战略核武器的理论研究、设计工作。在中子物理、辐射流体力学、凝聚态物理、爆轰物理等多种学科领域，取得了对实践有重要指导意义的一系列理论成果，并为中国核事业培养了一批优秀人才。

结束语

一个多世纪以来，人类从认识自然，到利用自然，在探索客观世界的道路上孜孜不倦地前行。浩荡历史长河中，从贝可勒尔、居里、汤姆逊、卢瑟福、波尔、爱因斯坦、费米到于敏、王淦昌、邓稼先、朱光亚、吴自良、陈能宽、周光召、钱三强、郭永怀、程开甲、彭桓武……一个个伟大的名字如一座座耀眼的丰碑，镌刻着人类创造核科学的历程。

自1955年1月15日，以毛泽东同志为核心的党中央第一代领导集体毅然作出发展原子能事业的战略决策开始，转眼六十年已经过去，中国核科学技术事业走出了一条具有中国特色的新型道路。核科学技术不仅在国家安全方面发挥着重要作用，而且越来越走近人民的生活，渗透到工农业生产和人民生活的方方面面，在众多领域发挥着无可替代的作用。

在新的世纪，人类在探索微观世界和驯服核能的道路上远未止步，利用大型粒子加速器的探测器和可控核聚变的研究设备，追寻万物至理和无尽能源，从核裂变走向核聚变，是人类认识世界和改造世界的必然发展趋势，也是真正实现可持续发展的必然要求。在这条道路上，无数中外科技工作者正前赴后继，攻坚克难。中国正面临着新的发展机遇，通过政府、专家、企业、公众等各方携手共同努力，中国必将迎来核科技的美好未来。

后 记

在中国核工业创建60周年之际，为加强核科普宣传，促进核事业的发展，中国核学会组织编写了《“核”我探秘——我们身边的核科学技术》。

本书按内容共分为九个部分：第一章是“叩开核世界的大门”，介绍了原子学说的起源和发现，核科学发展的重要事件。第二章是“‘两弹一艇’壮国威”，介绍了原子弹、氢弹研制的过程。第三章是“魅力核电”，介绍了世界和我国能源格局、核电发展的历程和现状，核电站的基本原理和安全保障措施。第四章是“辐射与安全”，介绍了辐射的基本概念，对人体的影响和防护措施。第五章是“神奇的核技术”，介绍了同位素与辐射技术在与人类生活息息相关的现代工业、农业、医学、环境保护等方面的广泛应用。第六章是“核科技的未来”，介绍了核科学技术在关注资源匮乏、环境恶化等世界面临的挑战，努力寻求改善人们生活质量和促进社会的可持续发展方面的重要作用。第七章是“热点聚焦”，选取目前社会关注的几个热点问题进行科学解读。附录一是“核领域的诺贝尔奖获得者”，介绍了1896年以来，获得诺贝尔奖的核物理学家、核化学家的杰出成就。附录二是“两弹元勋”，介绍了中共中央、国务院、中央军委表彰的为我国核武器事业做出突出贡献的十一位科学家的历史贡献。

本书的出版，得到了多方面的关心与帮助。中国工程院、国家能源局、中国科技馆给予了大力支持。中国工程物理研究院原院长胡思得院士，中核集团“快堆”首席专家徐銤院士，总装备部科技委委员赵军，清华大学核能与新能源技术研究院马栩泉教授，中核集团党群工作部副主任朱向军，中国原子能科学研究院叶春堂研究员、姚历农研究员等专家和领导对书稿进行了认真讨论并提出修改意见。在此，谨致感谢。

中国核学会

2015年7月18日